Rishee Kalaria
Jigar Bhabhor

RASTREIO DE MARCADOR(ES) RGA EM MUNGBEAN CONTRA A DOENÇA MOSAICA AMARELA

Rishee Kalaria
Jigar Bhabhor

RASTREIO DE MARCADOR(ES) RGA EM MUNGBEAN CONTRA A DOENÇA MOSAICA AMARELA

MARCADOR(ES) ANALÓGICO(S) DO GENE DE RESISTÊNCIA EM MUNGBEAN YMD

ScienciaScripts

Cover image: www.ingimage.com

This book is a translation from the original published under ISBN 978-620-8-06417-4.

Publisher:
Sciencia Scripts
is a trademark of
Dodo Books Indian Ocean Ltd. and OmniScriptum S.R.L publishing group

120 High Road, East Finchley, London, N2 9ED, United Kingdom
Str. Armeneasca 28/1, office 1, Chisinau MD-2012, Republic of Moldova, Europe
Printed at: see last page
ISBN: 978-620-8-14426-5

DEPARTAMENTO DE BIOLOGIA MOLECULAR E BIOTECNOLOGIA VEGETAL

N. M. COLLEGE OF AGRICULTURE NAVSARI AGRICULTURAL UNIVERSITY
NAVSARI - 396450 GUJARAT
ESTUDANTE
GUIA PRINCIPAL
BHABHOR JIGAR MOHANBHAI
DR. R. K. KALARIA

RASTREIO DE MARCADOR(ES) ANÁLOGO(S) DO GENE DA RESISTÊNCIA EM FEIJÃO-MUNGO [VIGNA RADIATA (L.) WILCZEK] CONTRA O MOSAICO AMARELO

RESUMO

A presente investigação intitulada "RASTREIO DE MARCADORES ANÁLOGOS DO GENE DE RESISTÊNCIA EM MUNGBEAN [Vigna radiata (L.) Wilczek] CONTRA A DOENÇA MOSAICA AMARELA" foi realizada no Departamento de Biologia Molecular Vegetal e Biotecnologia, ASPEE College of Horticulture and Forestry, Navsari Agricultural University, Navsari durante 2021-22. A experiência de campo foi realizada na quinta da faculdade, N. M. College of Agriculture, Navsari Agricultural University, Navsari, durante o verão de 2021.

Entre as leguminosas, o feijão-mungo é a leguminosa de grão economicamente importante em Gujarat. O stress biótico, em especial a doença do mosaico amarelo (DMJ), continua a ser a doença mais destrutiva que afecta o potencial de rendimento do feijão-mungo, tanto quantitativa como qualitativamente. É causada por vários vírus do mosaico amarelo (YMV) pertencentes ao género Begomovirus da família Geminiviridae. É transmitido através da mosca branca (Bemisia tabaci) de forma circulativa e persistente, mas não através da semente, do solo e da seiva. Nestas circunstâncias, o rastreio e a identificação de genótipos resistentes duradouros utilizando marcadores RGA (análogos do gene de resistência) são muito importantes para evitar a ocorrência de febre catarral ovina nas condições de campo de Gujarat.

Nesta investigação, com base na escala de classificação da doença (1-9), cem genótipos de feijão-mungo foram rastreados em condições de campo contra a doença do mosaico amarelo durante o verão de 2021. Dos cem genótipos de mungbean, quarenta e nove genótipos foram considerados resistentes, vinte e dois genótipos foram considerados moderadamente resistentes, onze genótipos foram considerados moderadamente suscetíveis, três genótipos foram considerados suscetíveis e quinze genótipos foram considerados altamente suscetíveis à doença do mosaico amarelo. um fragmento de DNA ~ 620 bp do gene da proteína do revestimento parcial foi amplificado com primers de proteína do revestimento MYMIVF1 e MYMIVR2 do vírus do mosaico amarelo da Índia do mungbean. Por conseguinte, a amplificação do fragmento parcial do gene da proteína do revestimento sugeriu que a infeção por YMD em genótipos de feijão-mungo era devida ao vírus do mosaico amarelo do feijão-mungo da Índia. O fragmento amplificado foi purificado e sequenciado. Obteve-se uma sequência de nucleótidos de 574 pb. Além disso, a sequência foi submetida ao GeneBank, NCBI, Bethesda, Maryland, EUA. O número de acesso ON622515.1 foi atribuído à sequência pelo GeneBank. Os resultados obtidos com a ferramenta BLAST sugeriram que o vírus sequenciado apresentava uma identidade máxima de 98,94 % com o isolado MYMIV-Mb02 do vírus do mosaico amarelo do mungbean da Índia, gene da proteína do revestimento (AV1), cds completo com o número de acesso GQ387502.1. Por conseguinte, propôs o nome da variante como mungbean yellow mosaic India virus isolates NAU-RJ coat protein gene segment DNA A, número de acesso ON622515.1.

A sequência prevista da proteína da bainha de 187aa obtida com a ferramenta ORF finder foi analisada para detetar a presença de um domínio conservado utilizando a ferramenta NCBI-CDD. A ORF obtida revelou ainda a presença de um domínio conservado como a superfamília BR1 da proteína da capa do geminivírus/fator de exportação nuclear da base de dados Pfam, com o número de acesso Pfam00844 e o valor E de 6,40e-69.A análise filogenética sugeriu que o cluster A2b era composto principalmente pelas diferentes cepas MYMIV que predominam principalmente nas diferentes regiões da Índia, principalmente UP e em todo o Reino Unido, Paquistão e Japão, enquanto o cluster A2a representava o vírus do mosaico amarelo do mungbean da Índia isolado NAU-RJ segmento de DNA do gene da proteína do revestimento A em Gujarat que conformou a infeção YMD como MYMIV em genótipos de mungbean em condições de campo durante o verão de 2021. No presente estudo, o confinamento de espécies de genótipos de feijão-mungo infectados com a doença do mosaico amarelo no sul de Gujarat deveu-se ao vírus do mosaico amarelo da Índia do feijão-mungo (MYMIV). No presente estudo, foram analisados seis genótipos de feijão-mungo resistentes (40C, NMS-21-01, NMS-21-06, NMS-21-22, NMS-21-49 e NMS-21-95) e seis altamente susceptíveis (GM 4, NMS-21-23, NMS-21-24, NMS-21-40, NMS-21-68 e NMS-21-69) com nove pares de iniciadores RGA. Destes, cinco pares de iniciadores RGA foram amplificados com êxito em todos os genótipos resistentes, mas não foram amplificados em todos os genótipos altamente susceptíveis.Os amplicões obtidos em cinco pares de iniciadores RGA foram cinco pares de iniciadores RGA1FCG &RGA1R, RGA8F & RGA8R, RGA22F2 & RGA24R2, VMYR1F & VMYR1R e RGAMB1 & RGAMB2, que amplificaram uma única banda de aproximadamente 450 pb, 400 pb, 100 pb, 450 pb e 750 pb, respetivamente. A amplificação observada nos genótipos resistentes, mas ausente nos genótipos altamente susceptíveis, indica que estes marcadores estão associados ao gene que controla a resistência à DMJ no feijão-mungo. Estes marcadores RGA podem ser utilizados para o mapeamento de genes de resistência e estudos de validação de marcadores com resistência duradoura ao YMV. Os marcadores RGA serão utilizados na seleção assistida por marcadores para o desenvolvimento de cultivares resistentes num período de tempo relativamente curto.

RECONHECIMENTO

Gostaria, antes de mais, de dar os meus agradecimentos a Deus Todo-Poderoso por me ter tornado suficientemente capaz de testemunhar este dia. Para alguns, o agradecimento pode ser apenas uma coisa insignificante escrita num pedaço de papel. Mas, na sua verdadeira essência, permite-nos recordar e exprimir os nossos sentimentos por aqueles que amamos e veneramos. Aqui, tenho a oportunidade de expressar o meu coração às pessoas que me ajudaram de uma forma ou de outra, através de pequenas coisas.

Não tenho palavras para exprimir a minha gratidão ao **Dr. R. K. Kalaria**, Professor Assistente, Instituto de Biotecnologia Aspee Shakilam, Universidade Agrícola de Navsari, Surat, pela sua orientação inspiradora e engenhosa, críticas incisivas e articuladas, discussão cordial, sugestões valiosas, zelo eterno e encorajamento constante que me ajudaram a ultrapassar todos os problemas que se me depararam durante a investigação e a preparação deste manuscrito. Ficar-lhe-ei sempre profundamente grato pelos seus olhares carinhosos e pela generosidade que me dispensou

Não tenho palavras para expressar os meus sinceros agradecimentos aos membros do meu comité consultivo; **Dr. K. G. Modha**, Professor Associado; Departamento de Genética e Melhoramento de Plantas, N. M. College of Agriculture, N.A.U., Navsari; **Dr. K P Suthar**, Professor Assistente; Departamento de Biologia Molecular e Biotecnologia Vegetal, Aspee College of Horticulture and Forestry, N.A.U., Navsari; **Dr. Nitin Vershney**, Professor Assistente, Departamento de Estatística Agrícola, N. M. College of Agriculture, N.A.U., Navsari; pela sua supervisão.

I'm also thankful to **Dr. Rehana Niyaria**, Professor & Head, Department of Plant Molecular Biology and Biotechnology; **Dr. Chintan Kapadiya,** Assistant professor; Department of Plant Molecular Biology and Biotechnology, Aspee College of Horticulture and Forestry, N.A.U., Navsari; **Dr. Diwarkar Singh,** professor assistente; Departamento de Biologia Molecular Vegetal e Biotecnologia, Aspee College of Horticulture and Forestry, N.A.U., Navsari; gostaria de agradecer aos outros membros do departamento**, Sra. Akruti** (técnica de laboratório), **Sra. Ekta Patel** (assistente de agricultura), **Miss. Nilam** e **Masi** pela sua ajuda amável.

Estou também grato ao **Dr. Z. P. Patel**, Hon'ble Vice-Chanceler, N.A.U., Navsari; **Dr. C. J. Dangaria**, Hon'ble Ex. Vice-Chanceler, N.A.U., Navsari; **Dr. Timur Ahlawat**, Diretor de Investigação e Reitor de Estudos de PG, N.A.U., Navsari; **Dr. R. M. Naik**, Diretor, N.M.C.A., N.A.U., Navsari e **Dr. R. D. Pandya**, Diretor reformado, N.M.C.A., N.A.U., Navsari. Gostaria de agradecer ao **Dr. Lalit Mahatma** por ter sido o diretor de investigação nomeado para a apresentação da tese vinculada a Kachcha e pelos seus comentários atenciosos.

Os meus pais **Shri. Mohanbhai Bhabhor** e **Smt. Savitaben Bhabhor**, o meu irmão **Nisarg Mohanbhai Bhabhor**, as minhas irmãs **Sanjivni Mohanbhai Bhabhor** e **Baria Veenaben Priteshbhai** e também o meu Bhanji **(Sanu)**, que não tem nada menos do que Deus, por me ter proporcionado todas as necessidades da vida e por estar sempre ao meu lado como os meus pilares de força.

Por último, mas não menos importante, agradeço de todo o coração aos meus superiores **Samarthbhai, Nikungbhai, Rinkal Kachhadiya, Khushbu Chaudhry, Pratikbhai, Sanyambhai, Miteshbhai, Atulbhai, Bhavikbhai.** Os meus amigos **Jyoti Ninama, Parth**

Rathod, Asif Vakaliya, Shakir Bariya, Ajay Sojitra, Rutvik Joshi, Mahesh Katariya, Deep Patel, Dipak Kalsariya, Pravin Parmar, Rahul Joshi, DP, Krunalbhai Chaudhri, Bhanabhai, Manthanbhai e DD, *pelo seu apoio vital e por terem poupado o seu precioso tempo para compilar e completar o meu documento de investigação.*

Todos os inícios têm um fim, mas mesmo assim, acredito que os amigos podem dispersar-se, a amizade não. Por isso, o tempo passado na N.A.U. ficará sempre gravado na minha mente e na minha alma.

Ficarei para sempre grato a todas as almas eruditas, aos meus antigos professores, às mãos conhecidas e desconhecidas que, direta ou indiretamente, me motivaram a atingir o meu objetivo e me iluminaram com o toque dos seus conhecimentos e com o seu constante encorajamento. Sinto que esta é uma oportunidade extremamente significativa e alegre para refletir e agradecer a todas essas pessoas. Acima de tudo, inclino a minha cabeça perante o Todo-Poderoso, cuja bênção me deu a força para alcançar este objetivo.

Sinto-me muito feliz por estar a atingir o meu objetivo. Ao cruzar este marco, muitas mãos conhecidas e desconhecidas empurraram-me para a frente, colocaram-me no caminho certo e iluminaram-me com os seus conhecimentos e experiência; a simples menção deles não justificará a sua verdadeira contribuição. Ficarei sempre grato e em dívida para com todos eles.

Local: Navsari
Data:25/07/2022
(Bhabhor Jigar Mohanbhai)

ÍNDICE

ABREVIATURAS

NAU	:	Navsari Agricultural University
bp	:	Base pairs
µg	:	Micro gram
µg/µl	:	Micro gram per microliter
YMD	:	Yellow mosaic disease
MYMV	:	Mungbean yellow mosaic virus
MYMIV	:	Mungbean yellow mosaic India virus
DYMV	:	Dolichos yellow mosaic virus
HgYMV	:	Horse gram yellow mosaic virus
C: I	:	Chloroform: Isoamyl alcohol
DNA	:	Deoxyribonucleic Acid
PCR	:	Polymerase chain reaction
EDTA	:	Ethylene Diamine Tetra Acetic Acid
gm	:	gram
min	:	Minutes
mg	:	Milli gram
ml	:	Milliliter
µl	:	Microliter
nm	:	Nanometer
ORF	:	Open Reading Frame
pH	:	Potential of Hydrogen
pmol	:	Picomol
RGA	:	Resistance gene analogue
CP	:	Coat protein
BLAST	:	Basic local alignment search tool
Fig.	:	Figure
NCBI	:	National center for biotechnology information
CTAB	:	Cetyl tri methyl ammonium bromide
rpm	:	Rotation per minute

CAPÍTULO 1
INTRODUÇÃO

O feijão-mungo ou grama verde, cientificamente conhecido como [Vigna radiata (L.) Wilczek], é uma das mais importantes culturas de leguminosas de curta duração da Índia e uma excelente fonte de proteínas de boa qualidade. É também conhecida como grama dourada, mung ou moong (Chatterjee e Randhawa, 1952). Tem um número de cromossomas 2n=2x=22 e prevê-se que o tamanho do seu genoma seja de 579 Mb (Kang et al., 2014). É uma cultura de leguminosas autofertilizante que ocupa o terceiro lugar na produção, atrás do grão-de-bico e do feijão-frade (Dixit, 2005). O feijão-mungo é considerado uma cultura de leguminosas resistente e cresce bem num clima quente e seco e o seu cultivo melhora a fertilidade do solo ao adicionar cerca de 30-40 kg N/ha após a colheita da cultura. Por conseguinte, a cultura seguinte (geralmente um cereal) requer aproximadamente 25% menos de aplicação de azoto (Mbeyagala et al., 2017). É tolerante à seca e pode crescer em climas exigentes e em situações de precipitação média a baixa. Também é tolerante ao stress hídrico e ao calor. Pode crescer em condições de baixo consumo. Pode ser cultivada em várias práticas de rotação de culturas devido à sua natureza de curta duração, maior adaptabilidade, baixa necessidade de água e insensibilidade à foto. É cultivada numa variedade de solos, incluindo solos negros, vermelhos lateríticos, cascalhentos e arenosos. Um solo arenoso fértil e bem drenado com um pH entre 6,2 e 7,2 é o melhor para o cultivo de feijão-mungo (Sharma, 2016).

O feijão-mungo é normalmente cultivado na Índia, Paquistão, Bangladesh, Sri Lanka, Tailândia, Laos, Camboja, Vietname, Indonésia, Malásia e Sul da China. O Rajastão é o único estado da Índia com a maior área cultivada e produção. De acordo com a quarta estimativa avançada (2019-20), a produção anual de grama verde na Índia é de 2460 mil toneladas, enquanto a produção total em 2018-19 foi de 2455,37 mil toneladas com uma produtividade de 516 kg/ha (Anon., 2020), o que torna a Índia o maior produtor de grama verde. Minerais como o cálcio 132 mg, o ferro 6,74 mg, o magnésio 189 mg, o fósforo 367 mg e o potássio 1246 mg são abundantes nas sementes de feijão-mungo, assim como vitaminas como o ácido ascórbico 4,8 mg, a tiamina 0,621 mg, a riboflavina 0,233 mg, a niacina 2,251 mg, o ácido pantoténico 1,910 mg e a vitamina A (114 UI) (Haytowitz e Matthews, 1986). É composto por 55 por cento de hidratos de carbono, 26 por cento de proteínas, 10 por cento de humidade e 3 por cento de vitaminas. O vírus contém um genoma de ADN de cadeia simples de 2,8kb. As espécies de geminivírus com genomas bipartidos (ADN-A e ADN-B) ou monopartidos que foram transmitidos de forma persistente e circulativa pela mosca branca (Bemisia tabaci) estão incluídas no género Begomovirus. Os principais factores que limitam o rendimento são várias pressões bióticas (vírus, fungos, agentes patogénicos bacterianos e insectos) e abióticas (salinidade, seca, temperatura, encharcamento, etc.). Entre as limitações bióticas, a doença do mosaico amarelo (YMD) causada pelo vírus do mosaico amarelo do feijão-mungo é a principal ameaça que provoca enormes perdas económicas no subcontinente indiano (Nene, 1973).

A doença do mosaico amarelo (DMJ) é a doença viral mais perigosa produzida pelo vírus do mosaico amarelo. A doença manifesta-se sobretudo na Índia, no Sri Lanka, no Paquistão e no Bangladesh. A doença do mosaico amarelo (DMJ) é causada por uma variedade de

Geminivírus transmitidos por moscas brancas do género Begomovirus e da família Geminiviridae (Karthikeyan et al., 2014). A transmissão e o comportamento da mosca branca são afectados pelos genótipos do hospedeiro, pelos biótipos do vetor e pelas circunstâncias de crescimento. O vírus do mosaico amarelo (YMV) é uma das doenças mais comuns e devastadoras do feijão-mungo. O feijão-mungo, o feijão-frade, a soja, o feijão-frade e o feijão comum são hospedeiros importantes do vírus do mosaico amarelo do feijão-mungo. O resultado é uma quebra significativa da produção e uma diminuição da qualidade das sementes. Ao longo das nervuras das folhas infectadas com o YMD, surgem pequenas manchas amarelas irregulares, que aumentam até as folhas ficarem totalmente amarelas. Em situações graves, as plantas doentes ficam atrofiadas, com menos flores e vagens que transportam sementes mais pequenas e muitas vezes murchas, enquanto outras partes da planta ficam amarelas.

O vírus do mosaico amarelo do feijão-mungo (MYMV), o vírus do mosaico amarelo do feijão-mungo da Índia (MYMIV), o vírus do mosaico amarelo do feijão-caupi (HYMV) e o vírus do mosaico amarelo dos dolicósporos (DYMV) são os quatro tipos mais comuns de YMD (Qazi et al. 2007). Os surtos de DMJ causados pelo MYMV têm sido associados à capacidade do vírus de sofrer recombinação genética e transmissão através da praga polífaga mosca branca (Bemisia tabaci), que serve como vetor eficiente. Na Índia, o MYMV e o MYMIV são os principais agentes patogénicos que causam a DMJ no feijão-mungo. O MYMIV causa a doença do mosaico amarelo no Norte e no Centro da Índia, enquanto o MYMV a causa no Sul e no Oeste da Índia (Usharani et al. 2004). Descobriu-se que esta doença está disseminada na Índia, resultando em perdas maciças na produção de numerosas culturas de leguminosas. De acordo com relatórios sobre perdas de doença, as cultivares susceptíveis perderam 9,6 a 38,2 por cento da sua altura, 7 a 28,5 por cento do seu peso fresco de rebentos, 4,3 a 22,1 por cento do seu peso seco, 25,7 por cento do seu peso de 1000 sementes, perda de rendimento de 83,9 por cento e uma redução máxima de crescimento de 62,94 por cento em cultivares infectadas com YMV (Premchand e Varma, 1983). O desenvolvimento de cultivares de feijão-mungo resistentes ao YMV é necessário devido à grande queda na produção causada pela infestação da doença.

Sanjeev et al. (2016) efectuaram um inquérito em quatro distritos de Assam, tendo sido observada uma elevada incidência de sintomas e gravidade do vírus nos distritos de Hazo e Nalbari, em comparação com os distritos de Goalpara e Barpeta. Os resultados moleculares concluíram que o Mungbean yellow mosaic India virus (MYMIV) é o agente patogénico mais prevalente responsável pela doença do mosaico amarelo do feijão-frade em todo o estado. Qazi et al. (2007) comunicaram pela primeira vez a associação do MYMIV com a doença do mosaico amarelo do feijão-frade no Paquistão.

A infeção por febre catarral ovina pode ser gerida através de métodos químicos, culturais e genéticos. No entanto, se a resistência do hospedeiro por si só for adequada para controlar a doença, deve ser favorecida em relação a outras abordagens devido à sua relação custo-eficácia e ao seu respeito pelo ambiente. Encontrar as causas da resistência ao mosaico amarelo no feijão-mungo tem sido o único desafio significativo dos cientistas até à data. O YMV foi transmitido por moscas brancas (Bemisia tabaci) e não é transmitido por seiva ou semente. A eficiência e o comportamento de transmissão da mosca branca diferem em função dos genótipos do hospedeiro, dos biótipos do vetor e das circunstâncias de crescimento. A despistagem em zonas de pontos quentes com base em ocorrências naturais não produz resultados fiáveis.

A identificação de dadores resistentes é um esforço difícil devido à rápida expansão de novos isolados de febre catarral ovina, à dificuldade do mecanismo de resistência e à falta de uma técnica de rastreio fiável para avaliar a resistência dos tipos existentes. Consequentemente, qualquer método molecular que possa levar à descoberta de genótipos resistentes à febre catarral ovina é necessário para os criadores moleculares. O desenvolvimento de indicadores bioquímicos ou moleculares associados ao gene de resistência à febre aftosa melhoraria a eficácia da seleção, uma vez descoberta a fonte de resistência e estabelecida a sua hereditariedade. Para o melhoramento molecular, são necessários marcadores moleculares. Apenas foram estabelecidos alguns indicadores genéticos para a resistência à DMJ no feijão-mungo. Ao fornecer um meio indireto de seleção, a tecnologia de marcadores moleculares acelerou substancialmente as operações de melhoramento para melhorar numerosas caraterísticas em diversas culturas, incluindo a resistência a doenças e pragas. Os marcadores são geralmente segmentos curtos de ADN que apresentam variações de sequência em vários indivíduos de uma espécie e são transmitidos através das gerações de acordo com os princípios mendelianos básicos de hereditariedade. Os marcadores análogos de genes de resistência a doenças das plantas (RGAs) foram criados e utilizados para mapear genes de resistência com base na sequência conservada de RGAs conhecidos. A maioria dos genes de resistência a doenças (R-genes) identificados em plantas contém domínios funcionais conservados, sendo os sítios de ligação a nucleótidos (NBS) e as repetições ricas em leucina (LRR) os mais comuns.

Os análogos dos genes de resistência (RGAs) podem ser utilizados como marcadores moleculares para identificar e isolar rapidamente os genes R. Podem também revelar informações sobre a evolução dos genes de resistência e as interações que ocorrem durante a identificação dos agentes patogénicos. Podem também revelar informações sobre a evolução dos genes de resistência e as interações que ocorrem durante a identificação dos agentes patogénicos. Este método baseado na homologia de sequências tem sido amplamente utilizado para clonar e mapear RGAs em cereais, leguminosas, oleaginosas, café, especiarias, árvores florestais e culturas hortícolas nos últimos anos. A clonagem de RGA como abordagem genérica e as suas variações, como o perfilamento NBS e AFLP-NBS, também foram descritas, com exemplos. Além disso, os RGAs clonados em diversas culturas foram recomendados como recurso genético para gerar cultivares com resistência a doenças a longo prazo em vários programas de melhoramento agrícola. Prevê-se que os marcadores moleculares baseados em RGA ajudem a seleção e possam melhorar consideravelmente a eficiência da reprodução da resistência às doenças em várias culturas. Numerosos estudos mostraram que a seleção assistida por marcadores moleculares (MAS) baseada em RGA pode ultrapassar muitas restrições de seleção fenotípica e aumentar a resistência a doenças numa variedade de espécies de plantas, incluindo arroz, trigo e algodão (Tacconi et al. 2010; Wen et al. 2008; Niu et al. 2011).A classe NBS-LRR de genes R tem um elevado grau de semelhança de sequência, que tem sido utilizado para construir primers degenerados para utilização na reação em cadeia da polimerase como forma de detetar análogos de genes de resistência. Este método foi muito bem sucedido na amplificação e clonagem de genes R ou RGAs, particularmente na batata (Leister et al. 1996) e na soja (Kanazin et al. 1996). Os RGAs também foram associados a loci de caraterísticas quantitativas (QTL) para resistência

(Pflieger et al. 1999 e Geffroy et al. 2000). (Basak et al. 2007) clonaram e sequenciaram o homólogo do gene R ligado à resistência ao vírus do mosaico amarelo de Vigna mungo, linha VM-1 (número de acesso GenBank AY297425), WBU 108 (AY301991) e Vigna radiata Pusa 9072 (trIQ7XZT9), respetivamente. A criação de novas variedades depende da identificação de um gene de resistência especial e da sua incorporação numa variedade com melhores caraterísticas agronómicas, enquanto a seleção fenotípica de genes resistentes requer tempo. Por conseguinte, a procura de marcadores RGA ligados à resistência à DMJ em genótipos de feijão indiano é a melhor forma de atuar. Tendo em conta os factos acima referidos e a necessidade de rastreio dos genes de resistência que conferem resistência ao vírus do mosaico amarelo, o presente estudo, intitulado "Screening of resistance gene analogue marker(s) in mungbean [Vigna radiata (L.) Wilczek] against yellow mosaic disease" (Rastreio de marcadores análogos de genes de resistência no feijão-mungo [Vigna radiata (L.) Wilczek] contra a doença do mosaico amarelo), foi realizado em genótipos determinados com os seguintes objectivos

1) Selecionar os genótipos de feijão-mungo resistentes e susceptíveis à doença do mosaico amarelo em condições de campo

2) Identificação do(s) marcador(es) RGA associado(s) ao gene de resistência

CAPÍTULO 2

REVISÃO DA LITERATURA

Mungbean, golden gram, mung ou moong são nomes mais comuns para a grama verde (Chatterjee e Randhawa, 1952). Trata-se de uma cultura de leguminosas de grão, diploide e autopolinizante, da família Fabaceae (2n=2x=22). Uma leguminosa de curta duração, conhecida como feijão-mungo, é cultivada principalmente pelas suas sementes secas. Uma das leguminosas mais importantes, tem um teor de proteínas de cerca de 24%, que é de alta qualidade e bem digerível. Contém também 55% de hidratos de carbono, 10% de humidade e 3% de vitaminas. Através de uma associação simbiótica com rizóbios, é também capaz de fixar azoto atmosférico (222 kg/ha). É excelente para a agricultura de sequeiro e é normalmente cultivada como cultura intercalar com outras culturas, porque é uma cultura resistente à seca.

De acordo com uma classificação recente, na Índia, existem duas espécies virais que causam a doença do mosaico amarelo no feijão-mungo: o vírus do mosaico amarelo do feijão-mungo e o vírus do mosaico amarelo do feijão-mungo da Índia. A análise das sequências nucleotídicas de isolados do vírus do mosaico amarelo recolhidos em diferentes leguminosas hospedeiras do MYMV estabeleceu a presença do MYMIV no feijão-mungo, feijão-frade, soja, ervilha-de-angola, feijão-frade, feijão-da-índia e feijão-frade no Norte, Centro e Leste da Índia, Paquistão e Bangladesh e do MYMV no feijão-mungo e no feijão-frade no Oeste e Sul da Índia e na Tailândia. Diferentes aspectos do presente estudo intitulado "Screening of resistance gene analogue marker(s) in mungbean [Vigna radiata (L.) Wilczek] against yellow mosaic disease" foram revistos e apresentados aqui sob diferentes títulos.

2.1 DESPISTAGEM DA RESPOSTA À INFECÇÃO P E L O MOSAICO AMARELO (YMD)

Raje e Rao (2002) registaram duzentos genótipos de feijão-mungo para o vírus do mosaico amarelo do feijão-mungo (MYMV) e verificaram que PLM 19, PLM 25, PLM 32, PLM 42, PLM 113, PLM 122, PLM 618, IC-1396-3, IC-2153, IC-43591, EL3902-A-EC-5551 e J-45 eram resistentes ao vírus do mosaico amarelo do feijão-mungo em condições de campo. (2003) analisaram genótipos de feijão-mungo para deteção de resistência ao vírus do mosaico amarelo do feijão-mungo (MYMV) em Bangalore e descobriram que os genótipos AKM-9911, AKM-8803, CO-4, KM-2194, KM-188-3, MIVT-842, MIVT-854, MIVT-867, ML-173, ML-1380, DBGG-11, PMB-43, PS-16, SML-151, UPM-99-3, V-2964 e LM-56 eram resistentes à incidência do vírus do mosaico amarelo do feijão-mungo em condições de campo.Pathak e Jhamaria (2004) estudaram catorze variedades de feijão-mungo para determinar a sua resistência ao vírus do mosaico amarelo do feijão-mungo (MYMV). Verificaram que a ML-5 e a MUM-2 eram resistentes, com apenas 2,22 e 3,12 por cento de infeção, respetivamente. Em comparação com a percentagem de infeção na K-851, uma variedade de controlo.

Peerjade et al. (2004) registaram oitenta e cinco genótipos de feijão-mungo contra o vírus do mosaico amarelo do feijão-mungo (MYMV) no MARS, Dharwad, em condições naturais. Entre eles, verificou-se que o GG 41 e o GG 42 eram resistentes e o GG 52 apresentava uma resistência moderada ao vírus do mosaico amarelo do feijão-mungo. Kooner e Harpreet

(2005) estudaram cinquenta e sete genótipos de feijão-mungo em relação à resistência ao vírus do mosaico amarelo do feijão-mungo (MYMV) na estação das chuvas, continuamente durante quatro anos. Shad et al. (2006) analisaram duzentos e cinquenta e quatro genótipos de feijão-mungo contra o vírus do mosaico amarelo do feijão-mungo (MYMV) em condições naturais de campo. Nenhuma das linhas era resistente a qualquer categoria, sete linhas foram classificadas como susceptíveis e duzentas e quarenta e sete como altamente susceptíveis ao MYMV.

Habib et al. (2007) analisaram cento e oito genótipos de feijão-mungo contra a doença do mosaico amarelo (DMJ) em condições ambientais naturais na Universidade de Punjab, Lahore 2007. Todos os genótipos apresentaram uma reação altamente suscetível à DMJ.

Salam et al. (2009) avaliaram um grande número de genótipos de feijão-mungo contra o vírus do mosaico amarelo do feijão-mungo (MYMV) em condições naturais em Karnataka durante o verão de 2004-2005. Dois genótipos GG-89 e GG-39 pareceram ser imunes, sem incidência de doença. Enquanto dois genótipos TM- 98-50 e TM-97-55 mostraram resistência ao MYMV com uma incidência de doença de 0,97 e 0,87 por cento, respetivamente.

Singh e Awasti (2009) referiram que oitenta e quatro genótipos de feijão-mungo foram analisados contra a doença do mosaico amarelo (YMD) em condições epifitóticas. Apenas dez genótipos, a saber, GM-13, GM-21, GM-125, GM-138, M-125, GM-164, GM-850, GM-899, M-126 e PLM-214 apresentaram resistência, enquanto vinte genótipos, a saber T4-30, T4-6, GM-7272, T4-3, GM-587, PLM-588, GM-128, GM-137, GM-18, GM-129, GM-733, PLM-401, GM719, T4-71, PLM-99, PDM-202, GM-180, GM-186, PLM-390 e PLM-311 apresentaram uma reação moderadamente resistente à doença do mosaico amarelo. Yadav e Brar (2010) avaliaram quarenta genótipos de feijão-mungo contra o vírus do mosaico amarelo do feijão-mungo (MYMV) em condições naturais. Dois genótipos, nomeadamente NM 57 e NM 94, apresentaram uma reação resistente e quatro genótipos, nomeadamente PBM 118, PBM 121, PBM 123 e A 3, foram considerados moderadamente resistentes ao MYMV. Akhtar et al. (2011) analisaram cento e sessenta e dois genótipos de feijão-mungo contra o vírus do mosaico amarelo do feijão-mungo da Índia (MYMIV) em condições de campo. Trinta e dois genótipos eram resistentes, sessenta e sete moderadamente resistentes, vinte e sete moderadamente susceptíveis, vinte e cinco susceptíveis e onze altamente susceptíveis ao MYMIV no primeiro ano e trinta e quatro genótipos eram resistentes, trinta e oito moderadamente resistentes, trinta e quatro moderadamente susceptíveis, quarenta e oito susceptíveis e oito altamente susceptíveis ao MYMIV no segundo ano.

Panduranga et al. (2011) analisaram vinte e dois genótipos de feijão-mungo para detetar resistência ao vírus do mosaico amarelo do feijão-mungo (MYMV) em condições naturais. Encontraram quatro linhas viz., LGG-407, MGG-356, KM-200 e NM-1 resistentes ao vírus do mosaico amarelo do feijão-mungo (MYMV). Iqbal et al. (2011) avaliaram uma centena de genótipos de feijão-mungo contra o vírus do mosaico amarelo do feijão-mungo (MYMV) durante a estação do verão em condições de campo no NARC, Islamabad. O genótipo foi classificado em resistente e suscetível em função da gravidade da doença. A resposta diferencial dos acessos de feijão-mungo ao MYMV foi determinada e nenhum dos genótipos se revelou altamente resistente à doença. Quatro genótipos, ou seja, 014043, 014133, 014249 e 014250, foram considerados resistentes. Oito genótipos eram moderadamente resistentes e trinta genótipos eram moderadamente susceptíveis. Paul et al. (2013) avaliaram dezoito genótipos de feijão-mungo quanto à sua resposta à incidência do vírus do mosaico amarelo do feijão-mungo (MYMV) em condições naturais. O genótipo ML-818 registou uma incidência mínima de 4,80 por cento e foi considerado resistente ao MYMV.

Sudha et al. (2013) registaram setenta e oito genótipos de feijão-mungo contra o vírus do mosaico amarelo do feijão-mungo (MYMV) em condições naturais, tendo apenas vinte e oito genótipos sido considerados resistentes ao vírus do mosaico amarelo do feijão-mungo.

Gupta e Mishra (2014) avaliaram cinquenta e quatro linhas de genótipos de feijão-mungo contra o vírus do mosaico amarelo do feijão-mungo (MYMV) em condições de campo no verão de 2007. Apesar da elevada pressão da doença, onze genótipos de feijão-mungo foram considerados resistentes ao MYMV.

Kumar et al. (2014) analisaram sessenta e cinco variedades de feijão-mungo contra o vírus do mosaico amarelo do feijão-mungo da Índia (MYMIV). Vinte e sete variedades foram consideradas resistentes ao MYMIV. Estas foram PDM-139, Pant M-1, Pant M-3, Sujata, Salimar M-1, Asha, AKM 9911, GM-3, HUM 1, HUM 2, IPM 99-125, JM-721, LGG 450, ML 5,
ML 131, ML 267, ML 613, ML 818, MH 96-1, MUM 2, NDM-1, PKUAKM4, Pusa

672, Pant M 4, HUM 16, IPM 2-03 e HUM 12. Dez variedades foram consideradas susceptíveis à MYMIV.

Maheshwari et al. (2014) referiram que o gene da proteína do revestimento do YMV foi amplificado utilizando primers específicos do gene e primers universais deng com ADN isolado de uma amostra infetada com YMV. A análise da sequência do gene CP revelou que o vírus identificado era homólogo ao MYMV. A árvore filogenética e o alinhamento de pares mostraram que o YMV isolado de Blackgram, Cowpea e Greengram se agrupa claramente com a sequência MYMV-TN (DQ400848.1) depositada no NCBI GenBank. Verificou-se que o índice de semelhança das sequências do gene MYMV depositadas na base de dados NCBI era de 98,8% em relação ao Bg-YMV CP1, 98,2% em relação ao Cp-YMV CP1 e 96,1% em relação ao gene Mb- YMV CP1. Enquanto o Hg-YMV CP1i foi considerado 99,1 por cento semelhante ao HYMV (AJ627904.1). Estes dados indicaram a presença de dois YMV distintos na região de Tamil Nadu (espécies MYMV e HYMV) e a existência de uma variação genética considerável entre estas espécies.

Muhammad (2014) analisou sessenta e quatro genótipos de feijão-mungo contra o vírus do mosaico amarelo do feijão-mungo (MYMV) em condições de campo. Seis genótipos, nomeadamente AZRI-1, NCM-15-11, NCM-21, NCM-11-8, 14063 e AZRI-06, apresentaram uma reação resistente, enquanto trinta e cinco genótipos foram considerados moderadamente resistentes ao MYMV.

Munawwar et al. (2014) relataram sessenta e quatro genótipos de mungbean contra o vírus do mosaico amarelo do mungbean (MYMV) em condições de campo, seis genótipos foram considerados resistentes e trinta e cinco moderadamente resistentes ao MYMV. Dezasseis genótipos foram susceptíveis e sete foram considerados altamente susceptíveis ao MYMV.

Subhedi et al. (2016) analisaram quarenta e oito genótipos de feijão-mungo como fontes de resistência genética contra a doença do mosaico amarelo (DMJ) em condições naturais. Dos quarenta e oito genótipos, IPM-01-03, IMB 37, MEHA, SUKUMAR, V0 6008 (B-G), HUM-16, V0 2023 (A-B), 5248 Chitwan, Kalyan e VC 6173 C mostraram-se altamente resistentes ao vírus do mosaico amarelo do feijão-mungo (MYMV).

Ahmad et al. (2017) analisaram vinte e três variedades de feijão-mungo de várias origens quanto à sua resistência relativa ao vírus do mosaico amarelo do feijão-mungo (MYMV) em condições de campo e comunicaram que nenhuma das variedades foi identificada, ao passo que seis, dez, cinco, uma (BRM349 e BRM-350) e uma (feijão-mungo e ervilha-de-angola) foram consideradas resistentes, moderadamente resistentes, moderadamente susceptíveis, susceptíveis e altamente susceptíveis ao MYMV, respetivamente.

Bhanu et al. (2017) analisaram vinte e cinco genótipos de feijão-mungo para a resistência ao vírus do mosaico amarelo do feijão-mungo da Índia (MYMIV) em condições naturais durante o verão de 2015. Dos vinte e cinco genótipos de feijão-mungo, sete genótipos, nomeadamente IPM02-03, Pusa 0672, ML 1464, KM 2241, PDM-139, TARM-1 e HUM 16, revelaram-se resistentes. Três genótipos, ou seja, ML 1465, IPM 02-17 e ML 1296, foram classificados como moderadamente resistentes. Três genótipos, nomeadamente HUM 1, HUM 7 e ML 717, foram classificados como moderadamente susceptíveis. Do mesmo modo, os genótipos susceptíveis e altamente susceptíveis eram três (ML 712, Pusa 95-31 e AKM 9904) e nove (HUM 12, LG 460, K 851, Pusa Vishal, COGG 902, MH 84-1, SML 1455, China mung e Kopergaon), respetivamente.

Deepa et al. (2017) analisaram cento e seis genótipos de feijão-mungo para identificar fontes de resistência contra o vírus do mosaico amarelo do feijão-mungo (MYMV) em condições de sequeiro e a incidência da doença variou de 12,4 a 86,4 por cento nestes genótipos. Nenhum dos genótipos foi identificado como altamente resistente, mas dezanove genótipos apresentaram uma reação de resistência moderada, vinte e dois genótipos apresentaram uma reação de suscetibilidade moderada, cinquenta genótipos apresentaram uma reação de suscetibilidade e quinze genótipos apresentaram uma reação de suscetibilidade elevada ao MYMV.

Hari et al. (2017) relataram dezassete variedades de feijão-mungo contra o vírus do mosaico amarelo do feijão-mungo (MYMV), sendo que nove variedades mostraram resistência e oito variedades mostraram suscetibilidade contra o MYMV. Dharajiya et al. (2018) avaliaram trinta e cinco genótipos indianos de feijão-mungo para a identificação da fonte de resistência ao vírus do mosaico amarelo do feijão-mungo (MYMV). Entre cinco genótipos viz. Meha, Bada Mung 7, KM2245, IPM 0205-7 e IPM 02-3 foram relatados como altamente resistentes ao MYMV.

Mahalingam et al. (2018) estudaram dez genótipos de mungbean de resistência à doença do vírus do mosaico amarelo do mungbean (MYMV) no hotspot do Centro Nacional de Investigação de Leguminosas, Vamban, durante a estação Kharif. Entre eles, dois genótipos SML 1815 e MH 421 mostraram reações resistentes, enquanto cinco genótipos VBN (Gg) 3, VBN (Gg) 2, LGG 460, RMG 10-28 e TM 96-2 mostraram uma reação suscetível contra o MYMV.

Prema e Rangaswamy (2018) estudaram a deteção molecular e a caraterização do gene da proteína do revestimento do vírus do mosaico amarelo do feijão-mungo (MYMV) de Karnataka. um tamanho de banda esperado de aproximadamente 1000 pb foi amplificado a partir dos primers MYMV-CP-F/MYMV-CP-R, concebidos especificamente para o MYMV. O comprimento real do MYMV obtido foi de 889 pb, incluindo 115 pb de proteínas do pré-revestimento na extremidade 5', 774 pb de proteína do revestimento central e 257 aminoácidos deduzidos.

Suman et al. (2018) analisaram trinta e cinco genótipos de feijão-mungo em condições naturais para confirmar as fontes de resistência contra a incidência da doença do vírus do mosaico amarelo do feijão-mungo (MYMV) e categorizaram-nos em diferentes grupos de reação utilizando uma escala de classificação. Destes, dois genótipos foram classificados como resistentes (R), seis genótipos como moderadamente resistentes (MR), doze genótipos como moderadamente susceptíveis, catorze genótipos como susceptíveis (S) e apenas um genótipo como altamente suscetível (HS) contra o MYMV.

Madhumitha et al. (2019) relataram a caraterização baseada na proteína do revestimento do vírus do mosaico amarelo de Mungbean em Tamil Nadu, a sequência obtida foi comparada com as outras sequências de begomovírus selecionadas da base de dados NCBI blast. Verificou-se que os resultados mostram uma elevada identidade de sequência com o MYMV (100%). A análise filogenética da sequência do gene CP do nosso isolado com begomovírus selecionados mostrou um agrupamento com o isolado de MYMV com mais homologia. Enquanto, em contraste, foi observada menor homologia entre o isolado MYMIV, confirmando que o begomovírus que causa a doença do mosaico amarelo do mungbean é explorado como uma cepa de MYMV e não como MYMIV entre nossos isolados de localização geográfica. Nagaraj et al. (2019) relataram catorze genótipos de mungbean resistentes à doença do vírus do mosaico amarelo do mungbean (MYMV). Entre cinco genótipos, nomeadamente AVMU 1698, AVMU 1699, AVMU 16100, AVMU 16101 e KPS 2, foram identificados como resistentes à doença do mosaico amarelo (YMD).

Raj et al. (2019) estudaram cinquenta genótipos de feijão-mungo e identificaram os genótipos resistentes ao vírus do mosaico amarelo do feijão-mungo (MYMV). O rastreio da doença para o MYMV foi realizado em condições naturais de campo, utilizando linhas infetantes de genótipo altamente suscetível, KPS 2, na zona de pontos quentes durante o verão de 2015. Com base na pontuação média da doença do mosaico amarelo (YMD), os genótipos foram classificados em cinco grupos: três genótipos resistentes, doze moderadamente resistentes, treze moderadamente susceptíveis, dez susceptíveis e doze altamente susceptíveis à doença do mosaico amarelo.

Abhisheka et al. (2020) avaliaram cento e dez linhas avançadas de reprodução (ABL) derivadas de catorze famílias de grama verde. Foram avaliadas quanto à reação ao vírus do mosaico amarelo do feijão-mungo (MYMV) durante o verão de 2019 no MARS, Universidade de Ciências Agrícolas, Dharwad, Karnataka. Entre as 110 linhas de reprodução avaliadas, os genótipos 2BRD-2, 3BRD-18, 3BRD-9, 4BRD-1, 6BRD-9, 7BRD-7, 7BRD-12, 8BRD-20, E-19, PM-5 registaram uma reação de resistência e 5BRD-14 e 7BRD-13 registaram uma resistência moderada ao MYMV com um valor inferior a dez por cento de Percentagem de Incidência da Doença (PDI). Entre onze linhas de controlo, TM-96-2 e SML-1815 mostraram uma reação de resistência, LGG-460 e RGM-1028 mostraram uma reação altamente resistente, e MH-421 e IPM-409-4 mostraram uma reação de resistência moderada ao MYMV com um valor inferior a vinte por cento de Incidência Percentual de Doença (PDI).

Jyothi et al. (2020) analisaram cento e sete genótipos de feijão-mungo contra o vírus do mosaico amarelo do feijão-mungo (MYMV) durante a estação do verão em condições de campo. A resposta diferencial dos acessos de feijão-mungo ao MYMV foi determinada e a maioria dos genótipos estudados foi classificada como suscetível a moderadamente suscetível. Apesar da resposta variável ao MYMV, os genótipos HUM 1, KM 15, KM 16, KM 24, KM 28, KM30, KM 36, KM 39, KM45, KM 47, KM 49, KM 51, KM 60, KM70, KM78 e KM 79 apresentaram uma reação resistente à doença MYMV, catorze genótipos foram moderadamente resistentes e trinta foram moderadamente susceptíveis. Os restantes trinta acessos foram classificados como susceptíveis e quarenta e três como altamente susceptíveis ao MYMV. Nainu e Murugan (2020) analisaram oitenta e um genótipos de feijão-mungo contra o vírus do mosaico amarelo do feijão-mungo (MYMV) em Bhuvanagiri, no distrito de Cuddalore. Dos oitenta e um genótipos, sete genótipos, ou seja, IC76361, IC119020-1, PLM490, IC75200, IC119020-2, CO7 e CO8, foram considerados resistentes. Quinze genótipos eram moderadamente resistentes e dez eram moderadamente susceptíveis. Os restantes vinte e sete acessos foram classificados como susceptíveis e vinte e dois como altamente susceptíveis ao MYMV.

Akram et al. (2021) avaliaram setenta e um genótipos de feijão-mungo contra a doença do mosaico amarelo (YMD) causada pelo vírus do mosaico amarelo do feijão-mungo da Índia (MYMIV) utilizando a técnica de infetores durante a Kharif de 2016-2019 na Main Research Farm do IIPR, Kanpur. Durante o ano de **quatro** experimentos (2016-2019), dos setenta e um genótipos, quarenta e oito mostraram um bom nível de resistência (escala 1-2) e deles, genótipos - IPM1205-2, IPM14-49-5, IPM14-10, IPM411-9, IPM709-5-2, IPM14-12- 3, IPM14-2, IPM526-11 e IPM 08-11 mostraram consistentemente um alto nível de resistência contra YMD por três ou quatro anos com uma pontuação de classificação de doença de 1.

2.2 IDENTIFICAÇÃO DO(S) MARCADOR(ES) RGA ASSOCIADO(S) AO GENE DE RESISTÊNCIA

Kanazin et al. (1996) estudaram iniciadores concebidos para sequências conservadas de regiões de codificação de genes de resistência a doenças N (tabaco), RPS2 (Arabidopsis) e L6 (linho) para amplificar sequências relacionadas de soja [Glycine max (L.) Merr.] Foram detectadas nove classes de análogos de genes de resistência (RGAs). O mapeamento genético dos membros dessas classes localizou-os em oito grupos de ligação diferentes. Vários loci RGA foram mapeados perto de genes de resistência conhecidos. O agrupamento e a semelhança de sequência dos membros das classes de RGA sugerem um processo comum na sua evolução.

Mago et al. (1999) apresentaram primers concebidos com base em sítios de ligação de nucleótidos (NBS) conservados dos genes de resistência RPS2 (Arabidopsis), L6 (linho) e N (tabaco) utilizados em trabalhos moleculares para amplificar análogos de genes de resistência (RGA) de 500 pb de comprimento no arroz. Catorze clones, cada um representando uma das catorze categorias de RGAs, foram mapeados no mapa genético do arroz utilizando uma população de mapeamento "Nipponbare" (japonica) × "Kasalath" (indica) constituída por cento e oitenta e duas linhas F2. Dos catorze clones que representam cada classe, doze puderam ser mapeados em cinco cromossomas do arroz, com um agrupamento principal de oito RGAs no cromossoma onze.

Basak et al. (2004) estudaram a resistência ao vírus do mosaico amarelo (YMV) na geração F2. Selecionaram vinte e quatro pares de iniciadores análogos do gene de resistência (RGA) e apenas um par, RGA 1F-CG/RGA 1R, foi considerado polimórfico entre os progenitores. A sequência de aminoácidos prevista mostrou uma homologia altamente significativa com o domínio NB-ARC presente em vários produtos genéticos envolvidos na resistência a doenças das plantas, na morte celular de nemátodos e na sinalização apoptótica humana.

Martinez Zamora et al. (2004) utilizaram primers degenerados, concebidos com base em regiões conservadas dos domínios Nucleotide Binding Site (NBS) de genes de resistência de plantas (R) previamente clonados para isolar análogos de genes de resistência (RGAs) de morangos selvagens e cultivados. Foram identificadas sete famílias distintas de RGAs do tipo NBS-LRR em duas espécies selvagens relacionadas, Fragaria vesca e F. chiloensis, e em seis cultivares diferentes de Fragaria × ananassa.

Ming et al. (2005) relataram que vinte e uma variedades de arroz foram testadas com base em RGA-PCR usando seis pares de primers de análogos de genes de resistência (RGA) e avaliadas quanto à resistência à explosão foliar. A análise de agrupamento mostrou que as variedades podiam ser classificadas em cinco grupos, quer no limiar de semelhança de 0,72 para os perfis RGA, quer no limiar de semelhança de 0,80 para a severidade do míldio foliar, o que sugere que a aplicação de três pares de primers, nomeadamente RGA1 e RGA2, ambos concebidos a partir da região LRR do gene Xa21 do arroz, e RGA3, concebido a partir da região LRR do gene N (tabaco), contribuiu para uma melhor avaliação das variedades quanto à sua resistência ao míldio foliar.

Totad et al. (2005) estudaram primers degenerados concebidos com base em genes de resistência conhecidos (genes R) e análogos de genes de resistência (RGAs) que foram utilizados em combinações para elucidar os RGAs de Sorghum bicolor, dezasseis cultivar M 35-1, resultando em amplicons de 500-600 pb. A análise de restrição dos produtos de amplificação da reação em cadeia da polimerase (PCR) revelou que um grupo de fragmentos presentes numa única banda indica a natureza heterogénea do produto de amplificação. Estes fragmentos apresentaram uma semelhança significativa com sequências conhecidas do gene R. O método Neighbour-Joining (NJ) revelou dois grandes grupos de agrupamentos: o agrupamento I, que inclui apenas SRGAs, e o agrupamento II, que inclui sequências conhecidas do gene R juntamente com três SRGAs.

Pal et al. (2006) comunicaram o marcador VMYR1 (AY 297425) para estudar o vírus do mosaico amarelo da Índia do feijão-mungo (MYMIV) e isolaram dois homólogos de genes resistentes (RGHs AY301990 e AY301991) que apresentavam uma elevada homologia com um marcador. A investigação revelou que estes três factores de resistência tinham semelhanças com duzentos e vinte e uma sequências de genes R ou RGH comunicadas no domínio NB-ARC da família Fabaceae.

Chen et al. (2006) relataram que oito análogos de genes de resistência (RGAs) foram isolados de arroz selvagem, Zizania latifolia Griseb., por primers degenerados concebidos de acordo com motivos conservados no sítio de ligação a nucleótidos (NBS) ou à volta deste, de genes de resistência de plantas conhecidos que contêm NBS. Oito RGAs foram classificados em seis grupos distintos com base na sua semelhança de sequência de aminoácidos deduzida de sessenta por cento ou mais. Oito RGAs de Zizania pertencem ao subgrupo NBS-LRR não-TIR.

Mutlu et al. (2006) relataram que trinta e dois marcadores de polimorfismo análogo ao gene de resistência (RGAP) foram mapeados na população central de mapeamento BAT 93/Jalo

EEP558 para feijão comum. Os marcadores foram mapeados em dez dos onze grupos de ligação com uma forte tendência para o agrupamento. Além disso, os marcadores RGAP co-localizaram-se, em seis grupos de ligação, com quinze análogos de genes de resistência (RGAs) que foram previamente mapeados noutras populações de feijão vulgar. A distância entre os sítios de priming nos genes R do tipo NBS-LRR é de cerca de 500 pb. Dos trinta e dois marcadores RGAP, dezanove tinham tamanhos superiores e treze inferiores a 500 pb. Os marcadores RGAP foram mapeados perto de R-genes conhecidos em B11 e de QTLs para resistência em B1, B2, B6, B7, B8, B10 e B11.

Palomino et al. (2006) estudaram cinco acessos de fava e dois de grão-de-bico, sessenta e nove clones sequenciados mostraram homologia com os genes R depositados nas bases de dados do banco de genes, que correspondiam aos genes que contêm o sítio de ligação de nucleótidos (NBS). Agruparam os clones em dez classes de análogos de genes resistentes (RGA), das quais as classes RGA 1, 6, 8 e 9 incluíam apenas clones isolados de fava, enquanto as classes 2, 3, 4, 5 e 7 incluíam apenas clones de grão-de-bico. Verificaram que o RGA dez, que apresenta uma homologia dentro da classe de noventa e nove por cento, era a única classe constituída por clones de fava e de grão-de-bico.

Wenkai et al. (2006) referiram que tinham sido obtidos vinte e três e doze RGAs a partir dos métodos AFLP e RACE modificados, respetivamente, utilizando iniciadores degenerados. Por outro lado, cento e nove unigenes e setenta e um singletons com elevada homologia com genes R conhecidos foram recuperados através da extração de dados. Além disso, os ESTs semelhantes a genes-R (ou RGAs) identificados a partir do método de extração de dados podiam abranger todos os RGAs derivados de RACE e quase metade dos RGAs derivados de AFLP. No total, pelo menos cento e oitenta e seis RGAs de cento e noventa e nove foram derivados de genes R- expressos putativos.

Basak et al. (2007) relataram a clonagem e sequenciação do homólogo do gene R ligado à resistência ao vírus do mosaico amarelo (RGH) de Vigna mungo, linha VM-1, WBU 108 e Vigna radiata Pusa 9072, número de acesso GenBank AY297425, AY301991 e trIQ7XZT9, respetivamente. As análises filogenéticas indicaram que dois terços das sequências eram do tipo TIR-NBS, enquanto cerca de um terço representava a subfamília não-TIR. A presença simultânea dos domínios TIR e Não-TIR nas Fabaceae indicou uma evolução divergente e heterogeneidade no domínio NBS.

Pei et al. (2007) estudaram as regiões conservadoras do sítio de ligação de nucleótidos e a repetição rica em leucina (NBS-LRR) em genes de resistência (genes R), a reação em cadeia da polimerase (PCR) com iniciadores degenerados foi utilizada para isolar análogos do gene R (RGAs) de cinco espécies de banana (Musa spp.). Um total de noventa e uma sequências com estrutura de leitura aberta (ORF) ininterrupta eram típicas de RGAs de duzentos e oito clones sequenciados, dos quais trinta e três sequências com a identidade da sequência de aminoácidos deduzida inferior a noventa e sete por cento foram analisadas. Com base no estudo filogenético, as trinta e três sequências foram divididas em doze RGAs de Musa distintos. Todas elas pertenciam ao tipo não-TIR-NBS. Estes resultados indicaram que o tipo TIR-NBS de genes R foi seletivamente perdido no processo de evolução.

Abd El-Aal et al. (2008) referiram que foram concebidos iniciadores específicos com base em motivos conservados de genes de resistência clonados do análogo do gene de resistência (RGA) e do gene de resistência à ferrugem da folha (Lr21) no trigo. Os dezoito iniciadores

PCR concebidos foram posteriormente utilizados para RT-PCR utilizando ARN isolado de uma variedade resistente Giza 168 para amplificar fragmentos de 445 pb e 235 pb para os genes RGA e Lr21, respetivamente. Com base na RT-PCR, concluíram que a expressão de Lr21 foi detectada tanto em plantas saudáveis como infectadas, embora a expressão fosse mais elevada nas plantas infectadas. Chattopadhyay et al. (2008) referiram que apenas dois iniciadores foram considerados suficientes para diferenciar os quinze genótipos. Observaram principalmente que um iniciador análogo do gene de resistência (RGA), concebido a partir da soja, só podia amplificar um fragmento de 445 pb em linhas de resistência ao vírus do mosaico amarelo do mungbean (MYMV) do mungbean.Ramasubramanian et al. (2008) estudaram sequências genómicas que partilham homologia com a região NBS de análogos de genes de resistência que foram isolados e caracterizados a partir de Pongamia glabra, Adenanthera pavonina, Clitoria ternatea e Solanum trilobatum utilizando uma abordagem de PCR com iniciadores concebidos a partir de regiões conservadas do domínio NBS. A presença de motivos consensuais e de triptofano como último resíduo do motivo cinase-2 confirmou a sua posição na família de genes de resistência NBS-LRR não-TIR. Estes RGAs formaram um grupo separado na árvore de distância média construída com base no BLOSUM62. O grau de semelhança entre as sequências na região NBS variou de 29% (P. glabra e S. trilobatum) a 78% (A. pavonine e C. ternate), o que indicou a diversidade entre os RGAs.

Feng et al. (2009) referiram que, com base em regiões conservadas de uma sequência de um gene de resistência ao oídio (Pm) previamente isolado, Pm3b, do trigo hexaploide (Triticum aestivum L.), foi concebido um par de primers e foram obtidos onze análogos do gene de resistência (RGAs) utilizando uma abordagem de clonagem baseada na reação em cadeia da polimerase. A análise filogenética revelou que oito genes codificantes eram parafiléticos com alelos Pm3. As seguintes inferências podem ser feitas sobre o modo de evolução do sítio de ligação a nucleótidos e da classe de genes de resistência de repetição rica em leucina (LRR). Em primeiro lugar, a maioria dos eventos evolutivos deve ter ocorrido principalmente no domínio LRR, o que pode ter contribuído para um aumento da proporção de eventos evolutivos noutros domínios. Em segundo lugar, estes eventos evolutivos no domínio LRR devem ter ocorrido inicialmente em estruturas secundárias e depois na folha ß.

Kundagrami et al. (2009) estudaram o controlo genético da resistência ao vírus do mosaico amarelo do feijão-mungo (MYMV), que foi reavaliado e confirmado como monogénico recessivo por natureza. A análise molecular revelou defeitos no domínio NB-ARC do gene putativo de resistência a doenças (R) na cv.T9 suscetível, enquanto os domínios NB-ARC de todas as linhas mutantes de resistência ao vírus do mosaico amarelo do feijão-mungo (MYMIV) têm motivos funcionais comuns. Soumitra et al. (2010) estudaram a genotipagem assistida por marcadores de germoplasmas resistentes ao MYMIV no feijão-mungo e no feijão-da-índia. Identificaram dois loci de marcadores resistentes a MYMIV, YR4 e CYR1, dos quais CYR1 estava completamente ligado a germoplasmas resistentes a MYMIV e co-segregado com progénies F2, F3 resistentes a MYMIV de feijão-mungo. Também demonstraram que os dois marcadores podiam ser utilizados eficientemente em conjunto numa reação multiplex-PCR para genotipar germoplasmas de V. mungo e V. radiata a partir de plantas cultivadas no campo e também diretamente a partir do stock de sementes, o que pouparia tempo e trabalho durante a introgressão de resistentes a MYMIV através de melhoramento molecular.

Basak et al. (2011) relataram o desenvolvimento bem-sucedido de marcadores moleculares ligados à resistência a partir de motivos de consenso de outros genes resistentes (R) e foram identificados dois loci de marcadores resistentes a MYMIV, YR4 e CYR1. Utilizaram estes dois marcadores para a reação PCR multiplex para genotipar germoplasmas de V. mungo e V. radiata a partir de plantas cultivadas no campo e também diretamente a partir do stock de sementes.

Maiti et al. (2011) relataram que o marcador análogo do gene de resistência (RGA), nomeadamente CYR1, demonstrou estar completamente ligado ao gene de resistência ao vírus do mosaico amarelo da Índia do feijão-mungo (MYMIV) quando validado em genótipos susceptíveis (T9) e resistentes (AKU9904).

Kalaria (2014) relatou que, das dezassete combinações de marcadores análogos do gene de resistência (RGA), quatro marcadores amplificaram o ADN do resistente, mas não conseguiram amplificar qualquer fragmento de ADN do suscetível. Na F1, todas as plantas apresentaram um fenótipo resistente e também a presença de uma banda específica de ~450 pb na análise molecular com os marcadores RGA que estavam ausentes na cultivar suscetível GM-4. Entre os quatro marcadores, o par RGA-2 (VRMYMVRGA-2) é recomendado para verificar a herança dos genes nas gerações seguintes.

Panigrahi et al. (2014) referiram várias bandas de marcadores como VMYR 1, CEDG 180 e vários marcadores análogos do gene de resistência (RGA), que foram tidos em conta para identificar o marcador exato que está ligado à resistência ao vírus do mosaico amarelo (YMV).

Wang et al. (2014) estudaram vinte e seis marcadores de análogos de genes de resistência (RGAs) com elevada homologia com genes R conhecidos ou RGAs obtidos por amplificação de PCR. Entretanto, duzentos e cinquenta e sete unigenes semelhantes a genes R foram identificados utilizando o método de extração de dados. No total, cento e quinze dos cento e vinte e quatro pares de iniciadores específicos de RGA concebidos amplificaram as bandas alvo. Para explorar a variabilidade genética do RGA, trinta acessos de rabanete foram genotipados e duzentos e sessenta e nove loci RGA foram identificados com êxito. Verificou-se que quarenta e quatro iniciadores RGA apenas geraram bandas monomórficas e os restantes setenta e um iniciadores RGA geraram duzentas e vinte e cinco bandas polimórficas RGA entre os trinta e dois acessos de rabanete. Com base na análise de marcadores RGA, trinta e dois acessos de rabanete foram agrupados em quatro grupos principais com um índice de semelhança de 0,68, que estavam em grande conformidade com o índice de doença de uma avaliação do míldio.

Basamma et al. (2015) estudaram a genética da resistência à doença do vírus do mosaico amarelo do feijão-mungo (MYMV) em gramas pretas usando populações F2 e F3. O tamanho da população em F2 foi de trezentos. Os resultados sugerem que a resistência ao MYMV na grama preta é governada por um único gene dominante. Dos cento e dez análogos do gene de resistência (RGA), os marcadores analisados, vinte e quatro foram considerados polimórficos entre dois progenitores. Com base na fenotipagem nas gerações F2 e F3, foram identificadas nove linhas de alto rendimento resistentes à doença.

Panigrahi et al. (2016) relataram a herança da resistência ao vírus do mosaico amarelo (YMV) em grama preta usando o marcador molecular. Um ajuste quase perfeito a um rácio de 3S:1R na população segregante sugeriu um único gene recessivo que controla a resistência. A presença do gene recessivo foi ainda confirmada pelo marcador de ADN ligado de 1236 pb denominado "CYR1". A amplificação do marcador CYR1 a partir do ADN genómico de indivíduos resistentes das populações F2 e das famílias F3 revelou uma ligação estreita.

Kabi et al. (2017) estudaram a análise molecular de vinte e seis genótipos diferentes de grama verde para o vírus do mosaico amarelo (YMV), utilizando um marcador análogo ao gene resistente (RGA) denominado CYR1, que produziu um amplicon a 90 pb em sete genótipos (OBGG-2013-8, OBGG- 2013-21, OBGG-2013-16, OBGG-2013-11, OBGG-2013-20, OBGG-2013-39 e OBGG-2013-12), o que permitiu concluir que estes sete genótipos possuem o gene de resistência ao vírus do mosaico amarelo e que este marcador é eficiente e ubíquo para a genotipagem da reação ao YMV. OBGG 2013-20 foi uma linha resistente ao YMV e de alto rendimento que pode ser utilizada como dador do YMV ou pode ser libertada como variedade. A OBGG 2013-34 tem um potencial de rendimento 23,88% superior ao do melhor controlo, mas é moderadamente suscetível à doença do mosaico amarelo (YMD), pelo que necessita de ser melhorada através da hibridação com variedades adequadas resistentes ao YMV.

Kabi et al. (2018) fizeram um rastreio com a técnica baseada em PCR, empregando pares de primers para validar a eficiência e a fiabilidade dos loci de marcadores identificados (CYR1 e YMV1). Tanto o marcador CYR1 como o YMV1 mostraram um polimorfismo consistente em relação à reação à doença em sete genótipos resistentes. O CYR1 produziu um tamanho de alelo de aproximadamente 90 pb. No caso do YMV1, foram observadas duas bandas em quatro genótipos (OBGG-2013-11, OBGG2013-16, OBGG-2013-20, OBGG-2013-21) no local de 200 pb e 90 pb, enquanto nos restantes três genótipos (OBGG-2013-8, OBGG-2013-12 e OBGG-2013-39) foi observada apenas uma banda a 90 pb, o que permitiu concluir que sete genótipos (OBGG-2013-8, OBGG-2013-12, OBGG-2013-11, OBGG-2013-16, OBGG-2013-20, OBGG-2013-21 e OBGG-2013-39) têm um gene de resistência ao vírus do mosaico amarelo e ambos os marcadores são eficientes e ubíquos para a genotipagem da reação ao YMV.

Patel et al. (2018) estudaram o único par de primers RGA1F-CG/RGA1R que amplificou uma única banda de 445 pb no genótipo Meha (progenitor resistente) e no volume resistente ao vírus do mosaico amarelo do feijão-mungo (MYMV), ausente no GM-4 (progenitor suscetível) e no volume suscetível ao MYMV.

CAPÍTULO 3

MATERIAIS E MÉTODOS

A investigação sobre "Rastreio de marcadores análogos de genes de resistência em feijão-mungo [Vigna radiata (L.) Wilczek] contra a doença do mosaico amarelo" foi realizada no Departamento de Biologia Molecular Vegetal e Biotecnologia, ASPEE College of Horticulture and Forestry, Navsari Agricultural University, Navsari durante 2021-22. A experiência de campo foi realizada na College Farm, N. M. College of Agriculture, Navsari Agricultural University, Navsari, durante o verão de 2021. Os pormenores relativos aos materiais experimentais utilizados e aos métodos adoptados durante o presente inquérito são descritos nas rubricas correspondentes.

3.1 RASTREIO DE CAMPO DE GENÓTIPOS DE FEIJÃO-MUNGO CONTRA A DOENÇA DO MOSAICO AMARELO

3.1.1 Localização e condições climáticas

A presente experiência foi efectuada na College Farm, N. M. College of Agriculture, Navsari Agricultural University, Navsari, durante o verão de 2021. A quinta está localizada a 20°37 N 72°54'E com uma elevação de 11,89 m acima do nível médio do mar. O solo é preto com um pH de 7,3 a 7,5. O feijão-mungo requer um clima fresco a moderadamente quente para um bom crescimento. O clima da estação de crescimento foi favorável ao crescimento e desenvolvimento da cultura. As informações meteorológicas relativas à época de cultivo são apresentadas no Apêndice I

3.1.2 Material experimental

O estudo foi realizado para selecionar linhas avançadas de melhoramento de feijão-mungo contra a doença do mosaico amarelo. Foi seguido o pacote de práticas recomendado para todas as linhas avançadas. Estes cem genótipos foram cultivados juntamente com 4 controlos (controlo de resistência 40 C, GM 6) e susceptíveis (GM 4, GM7), sendo o GM 4 uma linha de espalhamento em blocos aumentados com 60 cm e 15 cm de espaçamento inter e intra-linhas, respetivamente. Para além disso, as sementes foram obtidas no Departamento de Genética e Melhoramento de Plantas, N. M. College of Agriculture, NAU, Navsari.

3.1.3 Rastreio no terreno

O material experimental foi testado quanto à sua reação à doença do mosaico amarelo em condições de campo durante o verão de 2021. As moscas brancas são a fonte do vírus no campo, pelo que não foi pulverizado qualquer pesticida para manter a população natural de moscas brancas no campo experimental. A cultura foi monitorizada regularmente para detetar a presença de mosca branca e o desenvolvimento de sintomas da doença. Os materiais de teste foram avaliados depois de 80% das plantas nas linhas de espalhamento apresentarem incidência de YMV. O rastreio de genótipos de feijão-mungo contra a doença do mosaico amarelo (DMJ) foi efectuado utilizando uma escala de classificação de 1-9 pontos, como indicado no quadro 3.1, de acordo com Singh et al., 1988.

Quadro 3.1: Escala de classificação da doença do mosaico amarelo

N.º Sr.	Escala de classificação	Percentagem de plantas com a folhagem afetada	Reação
1	1	Sem sintomas visíveis (ou) manchas amarelas minúsculas cobrindo 0,1-5,0% da área foliar	Resistente (R)
2	3	Manchas nas folhas que cobrem 5,1-10,0% da área foliar	Moderadamente resistente (MR)
3	5	Manchas e descoloração amarela de 10,1-25,0% da área foliar	Moderadamente suscetível (EM)
4	7	Manchas e descoloração amarela das folhas em 25,1-50% da área foliar	Suscetível (S)
5	9	Manchas amarelas em mais de 50% e até 100% da superfície foliar	Altamente suscetível (HS)

3.1.4 Artigos de vidro e produtos químicos

Os objectos de vidro e os materiais politécnicos utilizados eram de marcas padrão, tais como Corning, Borosil e Schott Duran. Todos os objectos de vidro foram esfregados e lavados cuidadosamente com detergente e depois enxaguados com água da torneira seguida de água destilada. Por fim, foram secos numa estufa antes de serem utilizados. Todos os utensílios de polietileno foram cuidadosamente limpos como indicado acima e secos ao ar numa estufa de ar quente a 180°C durante 60 minutos antes de serem utilizados. Todos os produtos químicos e bioquímicos finos utilizados na experiência eram de grau analítico ou de grau molecular de fabricantes padrão como Jena Bioscience; Fermentas; Banglore Genei; Serva; Sisco; e Hi-media laboratories, etc. A lista dos produtos químicos utilizados no presente estudo é apresentada no quadro 3.2.

Quadro 3.2: Lista de produtos químicos utilizados no presente estudo molecular

Sr. Não.	Nome do reagente	Fórmula química	Molecular peso
1	Agarose	C24H38O19	306.26
2	Ácido bórico	H3BO3	61.83
3	Brometo de cetiltrimetilamónio	C19H42NBr	364.45
4	Clorofórmio	CHCl3	119.38
5	Etanol	C2H5OH	46.07
6	Brometo de etídio	C21H20BrN3	394.29
7	Ácido clorídrico	HCl	36.46
8	Álcool isoamílico	C5H12O	88.15
9	Mercaptoetanol	C2H6O5	78.13
10	Polivinilpirrolidona	(C9H9NO)n	40000
11	Cloreto de sódio	NaCl	58.44

12	Hidróxido de sódio	NaOH	40.0
13	Tampão Tris	C4H11NO3	121.14

3.1.5 Equipamentos e instrumentos

O equipamento e os instrumentos utilizados para o estudo molecular são enumerados no quadro 3.3.

Quadro 3.3: Lista de equipamentos e instrumentos utilizados no presente estudo

N.º Sr.	Instrumento	Nome da empresa
1	Congelador profundo (-20°C)	Voltas, Mumbai
2	Unidade de eletroforese em gel	Walter Corp.
3	Sistema Gel-Doc	Bio-Rad, Califórnia
4	Forno de ar quente	NOVA Instruments Pvt. Ltd.
5	Autoclave	Medica instrument Mfg Co.
6	Micropipetas	Eppendorf corporate, Alemanha
7	Forno micro-ondas	Samsung India Ltd., Índia
N.º Sr.	Instrumento	Nome da empresa
8	NanoDrop	Thermo scientific, EUA
9	Termociclador	Thermo scientific, EUA
10	Medidor de pH	Thermo scientific, EUA
11	Centrifugadora	Remi elektrotechnik Ltd., Índia
12	Balança de pesagem	Mettler Toledo, EUA
13	Banho-maria digital Cintex	Cintex IND. Corporation, Mumbai

3.1.6 Amplificação e sequenciação do componente parcial de ADN-A do vírus

3.1.6.1 Extração de ADN genómico

O ADN genómico total foi isolado a partir de folhas tenras de amostras selecionadas de genótipos de feijão-mungo altamente susceptíveis infectados com a DMJ (NMS-21-23, NMS-21-24, NMS-21-40, NMS-21-67, NMS-21-68, NMS-21-69, NMS-21-70, NMS-21-84, NMS-21-88, NMS-21-89, NMS-21-90, GM-4) por um método CTAB modificado (Doyle e Doyle, 1987).

Preparação de soluções de reserva para extração de ADN

(1) 1 M Tris HCl (pH 8,0): 100 ml

12,11 g de base Tris foram dissolvidos em 80 ml de água destilada e o pH 8,0 foi ajustado pela adição de HCl concentrado. O volume final foi ajustado para 100 ml por adição de água destilada. Preparou-se um litro de Tris HCl 1 M, que foi introduzido num frasco de reagente e esterilizado em autoclave.

(2) EDTA 0,5 M (pH 8,0): 100 ml

Dissolveram-se 7,30 g de sal dissódico de EDTA em 80 ml de água destilada. O pH de 8,0 foi ajustado pela adição de pastilhas de NaOH. O volume final foi ajustado para 100 ml por adição de água destilada. A solução preparada foi colocada num frasco de reagente e esterilizada em autoclave.

(3) NaCl 5 M: 100 ml

29,92 g de NaCl foram adicionados a 50 ml de água destilada e bem misturados. Quando os sais se dissolveram completamente, o volume final da solução de NaCl foi ajustado para 100 ml, adicionando água destilada. A solução preparada foi introduzida num frasco de reagente e autoclavada.

(4) Etanol a 70%: 100ml

Tomou-se 70 ml de etanol e misturou-se com 30 ml de água destilada para perfazer 100 ml e armazenou-se a 4ºC.

(5) Clorofórmio: Álcool isoamílico (24:1): 100 ml

Mediram-se 96 ml de clorofórmio e misturaram-se com 4 ml de álcool isoamílico para perfazer o volume total de 100 ml.

Produtos químicos utilizados para a extração de ADN

(A) Composição de 4%

Formulação do tampão de extração CTAB de 10 ml 4%

CTAB (W/V) 0,4 g
Tris HCl (1 M; pH 8,0) 1,0 ml

EDTA (0,5 M; pH 8,0)1,0 ml

NaCl (5 M)2,8 ml

P-Mercaptoetanol (1%)100 µl

PVP (1%)1,0 g

Água sem nucleasevolume final até 10 ml

(B) Clorofórmio: Álcool isoamílico (24:1)

(C) Etanol (100% e 70%)

(D) Azoto líquido

(E) Tampão Tris EDTA (TE)

Tris HCl (pH 8,0)10 mM

EDTA 0,5 M

Procedimento de extração do ADN genómico

1) As folhas dos genótipos de feijão-mungo (300 mg) de cada indivíduo foram pulverizadas em azoto líquido utilizando um almofariz e um pilão.
2) As folhas foram trituradas com 1 ml de tampão CTAB, transferidas para um tubo eppendorf e incubadas durante 60 minutos a 65°C. Os tubos foram retirados do banho-maria e deixados arrefecer à temperatura ambiente.

3) Foi adicionado um volume igual de clorofórmio: mistura de álcool isoamílico (24: 1) e misturado cuidadosamente por inversão suave e centrifugado durante 15 minutos, mantendo-o num rotador a 10000 rpm (centrífuga eppendorf) até se obter uma separação clara das três camadas.
4) A fase aquosa límpida (sobrenadante) foi cuidadosamente pipetada para novos tubos. O passo clorofórmio: álcool isoamílico (24:1 v/v) foi repetido duas vezes para remover os contaminantes orgânicos no sobrenadante.
5) Ao sobrenadante, foi adicionado etanol absoluto de cerca de 0,5 a 0,6 volumes ($2/3^{rd}$ do volume pipetado). Os conteúdos foram misturados suavemente por inversão e mantidos sem perturbação durante 30 minutos a -20°C durante uma noite.
6) Subsequentemente, os tubos foram centrifugados a 12000 rpm durante 10 min a uma temperatura de 27°C para sedimentar o ADN.
7) O sobrenadante foi cuidadosamente eliminado e o sedimento de ADN foi lavado com etanol a 70% e centrifugado a 10 000 rpm durante 10 minutos, tendo este passo sido repetido duas vezes.
8) O sobrenadante foi removido e os tubos foram deixados a secar completamente ao ar. Em seguida, o sedimento foi dissolvido em 100 µl de tampão TE. As amostras foram armazenadas a -20°C em congelação profunda.

3.1.6.2 Separação do ADN na eletroforese em gel de agarose (estimativa qualitativa)

O ADN genómico isolado de várias amostras foi verificado quanto à sua integridade. O ADN genómico bruto foi resolvido por eletroforese em gel de agarose (gel de agarose a 0,8%) corado com brometo de etídio segundo um método normalizado (Sambrook e Maniatis, 1989).

(A) Materiais/equipamentos utilizados

1) Aparelhos de eletroforese, eléctrodos e fontes de alimentação

2) Micropipeta

3) Pontas de micropipetas

4) Carregamento de corante

5) Brometo de etídio (1 mg/ml)

(B) Tampão TBE (1 litro de solução-mãe 5x)

1) Base Tris: 53.0 g

2) Ácido bórico: 27,5 g

3) EDTA: 20 ml

(C) Processo de eletroforese em gel

1) Colocar o pente no elétrodo negativo.

2) Tomar 8 g de agarose e adicionar a 100 ml de água Millipore esterilizada para fazer 0,8 gel.
3) A mistura de agarose acima referida foi derretida no forno de micro-ondas. Adicionou-se brometo de etídio ao gel de agarose morno e verteu-se para o tabuleiro de moldagem do gel de modo a obter um gel com cerca de 5 mm de espessura.
4) O tabuleiro do gel foi mantido sem perturbações para obter uma solidificação uniforme do gel. O tabuleiro foi mantido na cuba de eletroforese cheia com tampão de corrida TBE.

(D) Carregamento das amostras de ADN

1) Misturar bem uma amostra com o corante de carga 6X, pipetando várias vezes para cima e para baixo.
2) Retirar cuidadosamente o pente e encher os poços com o Ladder (100bp) previamente corado e o produto de ADN misturado com o corante de carga no respetivo poço.
3) Ligar a unidade de eletroforese à fonte de alimentação e fazer funcionar a unidade a 60 V (5 V/cm) durante 35-40 minutos ou até que o corante de rastreio chegue ao fim.
4) Após uma corrida electroforética, o gel foi visualizado num sistema de documentação de gel (BIO-RAD).

3.1.6.3 Estimativa da pureza e da quantificação do ADN

Para estimar a pureza e a quantificação do rácio OD 260/OD280, foi utilizado para avaliar a pureza do ADN. Um rácio inferior a 1,8 indica que pode haver proteínas na amostra, ao passo que um rácio superior a 1,8 indica que a amostra pode estar contaminada com ARN. O ADN foi quantificado através da leitura da absorvância a 260nm e 280nm por Nano-drop.

3.1.6.4 Diluição do ADN

A amostra de 10 µl de ADN é retirada da solução-mãe e adicionam-se 90 µl de água sem nucléolo. A partir da quantidade de solução-mãe de ADN foram preparadas amostras de 50 ng/µl de solução de ADN genómico de trabalho, utilizando a fórmula N1 V1 = N2 V2. Em que N1 é a concentração da solução-mãe de ADN, V1 é o volume da solução-mãe a diluir, N2 é a concentração da solução de ADN de trabalho (50 ng) e V2 é o volume da solução de ADN de trabalho.

3.1.7 Amplificação por PCR do componente parcial de ADN -A

3.1.7.1 Primários

Os primers específicos da proteína da capa do YMV (quadro 3.4), concebidos utilizando a região conservada de diferentes sequências da proteína da capa [GQ387509.1, DQ389148.1 (MYMIV), DQ389146.1 (MYMV),GU591170.1,KT282129.1(DYMV)] e a ferramenta Primer3 (https://bioinfo.ut.ee/primer3-0.4.0/), foram utilizados para a amplificação do gene da proteína da capa do YMV, como se segue.

Tabela 3.4: Lista dos iniciadores da proteína da pelagem utilizados no presente estudo

N.º Sr.	Cartilha	Instruções de utilização do primário	Sequências 5'-3'
1	MYMIVF1	Avançar	CCAAAGCGGACCTTCGATA
2	MYMIVR2	Inverter	AACGATTCACCATGGCTTG T
3	MYMIVF3	Avançar	GACCTTCCCGAATCACTGC
4	MYMIVR4	Inverter	AACGATTCACCATGGCTTG T
5	MYMVF5	Avançar	GTGGACACTCTGAACCCAG TA
6	MYMVR6	Inverter	AACGATTCACCATGGCTTG T
7	DYMV1	Avançar	GTAGAGCATGGACCAATCG T
8	DYMV2	Inverter	ACGCATATTGACCTCCGGT
9	DYMV3	Avançar	GCTCATCGTGTTGGTAAAC GATT
10	DYMV4	Inverter	GGAGTGGGCTTACAAGAAT GC

3.1.7.2 Preparação da mistura de reação PCR

Foi utilizada a seguinte mistura de reação de PCR com um volume total de 20 μl por reação (Tabela 3.5).

Quadro 3.5: Mistura de reação PCR para amplificação do iniciador da proteína da pelagem

Componentes	Volume (μl)
Master mix (2x) (Takara Bio)	10.0
Primário direto (10 p moles)	2.0
Primário inverso (10 p moles)	2.0
Modelo de ADN (50ng)	2.0
Água sem nuclease	4.0
Total	20.0

Em primeiro lugar, foi adicionada água sem nuclease ao tubo, seguida de um master mix 2x (Takara bio) e de primers para fazer o cocktail. O ADN modelo foi adicionado a este cocktail. Os reagentes foram misturados cuidadosamente por agitação em vórtice seguida de uma breve centrifugação. Todas as reacções PCR foram realizadas em tubos PCR de parede fina de 200 μl.

3.1.7.3 Programa PCR utilizado para a amplificação do gene da proteína da pelagem com iniciadores específicos da espécie

A amplificação foi efectuada durante 30 ciclos num termociclador Bio-Rad, tendo sido utilizado um gradiente de temperatura de 50-60°C para o iniciador do gene da proteína do revestimento. submetido ao seguinte protocolo (quadro 3.6).

Quadro 3.6: Programa do termociclador para a amplificação do iniciador do gene da proteína da pelagem

N.º Sr.	Etapa	Temperatura	Tempo	Ciclo
1	Desnaturação inicial	95 °C	7 min	1
2	Desnaturação	95 °C	30 segundos	30
3	Recozimento	51.2 °C	45 seg	
4	Extensão	72 °C	30 segundos	
5	Extensão final	72 °C	10 min	1
6	Manter	4 °C		-

Após a conclusão da PCR, os produtos foram armazenados a -20 °C até à realização da eletroforese em gel.

3.1.7.4 Eletroforese em gel de agarose

Separação dos produtos amplificados pela PCR por eletroforese em gel de agarose.

Requisitos

a) Agarose (tipo baixo EEO)

b) 10 x tampão Tris Borato EDTA (TBE) pH 8,0

c) 10 mM Tris - HCl; pH 8,0

d) 1 mM EDTA; pH 8,0

e) 55 g Ácido bórico

f) 6x Corante de carga para gel (Thermo Fisher Scientific)

g) Brometo de etídio (1 mg/ml)

h) Escada de ADN de 100 pb (Thermo Fisher Scientific)

Todos os produtos da PCR foram colocados num gel de agarose a 1,8% contendo 2 µl de brometo de etídio (1 mg/ml). 10 µl de produto PCR foram misturados com 2 µl de corante de carregamento de gel 6x e colocados no poço. O gel foi colocado a uma corrente de 80 V (constante) para separar as bandas amplificadas. O marcador de ADN padrão de 100 pb foi também utilizado juntamente com as amostras. Cada iniciador foi repetido duas vezes para confirmar os resultados. As bandas separadas foram documentadas num transiluminador UV e, em seguida, foram tiradas fotografias utilizando um sistema de documentação de gel (Bio-Rad) e analisadas.

3.1.7.5 Purificação e sequenciação dos produtos amplificados

1) Preparar a mistura de reação adicionando 3,0 µl de acetato de sódio 3 M, pH 4,6, a

62,5 µl de etanol a 95% não desnaturado e 14,5 µl de água desionizada adicionados para perfazer um volume final de 80 µl para cada amostra.

2) Adicionaram-se 80 µl de solução de etanol/acetato de sódio a 20 µl da mistura de reação PCR do termociclador.

3) Selar os tubos com tampas de fita.

4) Inverter os tubos algumas vezes para misturar bem.

5) Incubar os tubos à temperatura ambiente durante 15 minutos para precipitar os produtos de extensão.

6) Centrifugar o conteúdo a 12000 g durante 20 minutos à temperatura ambiente

7) Eliminar o sobrenadante invertendo o tubo para uma toalha de papel.

8) Adicionar 150 µl de etanol a 70% a cada sedimento.

9) Tapar e inverter os tubos algumas vezes para misturar bem.

10) Tubos centrifugados durante 10 minutos a 12000g.

11) Secar a palete e adicionar 15 µl de formamida Hi-Di para desnaturação do ADN.

12) As amostras foram arrefecidas e depois transferidas para 10 µl de amostra para uma placa de sequenciação de 96 poços.

Sequenciação do produto amplificado

1) Preparou a mistura de reação adicionando à mistura de reação terminator ready (Big Dye sequencing kit 3. lv fornecido pela applied biosystems) 4,0 µl de Primer 3,2 pmol, 20 ng de produto PCR e água desionizada para perfazer um volume total de 20 µl.

2) Misturar bem a mistura de reação e agitar brevemente.

3) Os tubos foram colocados num termociclador, o volume ajustado para 20 µl, e a sequenciação foi efectuada com o seguinte programa da Tabela 3.7.

4) Os dados foram obtidos a partir da sequenciação sanger e posteriormente analisados.

Tabela 3.7: Programa do termociclador para a PCR de sequenciação

N.º Sr.	Etapa	Temperatura	Tempo	Ciclo
1	Desnaturação inicial	94 °C	5 min	1
2	Desnaturação	94 °C	30 segundos	25
3	Recozimento	51.5 °C	10 segundos	
4	Extensão	72 °C	4 min	

A sequenciação do presente estudo foi subcontratada à SLS Research Private Limited, em Surat. A sequência obtida foi recolhida e utilizada para processamento e análise.

3.1.8 Análise filogenética da sequência e comparação com outros begomovírus

3.1.8.1 Alinhamento múltiplo e índice de similaridade

As pesquisas de sequências de Begomovirus na base de dados, os alinhamentos locais básicos e a análise do índice de similaridade foram efectuados utilizando o programa NCBI-BLSTN (http://blast.ncbi.nlm.nih.gov). Foram efectuados alinhamentos de sequências de nucleótidos múltiplos (nt) para parte do ADN-A do isolado de vírus com outros Begomovírus registados na Índia e em todo o mundo, utilizando o programa CLUSTALW(2) (http://www.ebi.ac.uk/Tools/msa/clustalw2/) (Kalaria et al., 2013).

3.1.8.2 Descoberta de uma estrutura de leitura aberta (ORF)

As ORFs da sequência obtida foram determinadas utilizando um localizador de quadros de leitura aberta do software NCBI (https://www.ncbi.nlm.nih.gov/orffinder/) e foram posteriormente verificadas no NCBI-BLASTP para identidades da sequência da proteína do revestimento. A sequência foi também verificada quanto à presença de um domínio conservado utilizando a ferramenta NCBI-CDD (https://www.ncbi.nlm.nih.gov/Structure/cdd/cdd.shtml) (Kalaria et al., 2013, Kumar et al., 2012).

3.1.8.3 Construção de árvores filogenéticas

Para a análise filogenética, foram selecionadas espécies, estirpes e variantes representativas de diferentes espécies de Begomovirus das diferentes culturas. As sequências de comprimento total destes vírus foram descarregadas do sítio Web do NCBI. As sequências descarregadas foram cortadas de forma a corresponderem à sequência do nosso gene amplificado. A árvore filogenética foi construída com recurso a um software em linha (MEGA versão 7) (https://www.megasoftware.net/) (Tamura et al., 2007) utilizando o método Neighbor-joining com 1000 replicações bootstrap.

3.2. IDENTIFICAÇÃO DO(S) MARCADOR(ES) RGA ASSOCIADO(S) AO GENE DE RESISTÊNCIA

3.2.1 Extração de ADN genómico

O ADN genómico total foi isolado de folhas tenras de doze genótipos de feijão-mungo selecionados, incluindo o controlo, através de um método modificado de brometo de cetiltrimetil-amónio (CTAB) (Doyle e Doyle 1987), segundo o mesmo procedimento de extração do ADN genómico descrito anteriormente na secção 3.1.6.1.

3.2.2 Estimativa qualitativa e quantitativa do ADN

O ADN genómico isolado de várias amostras foi verificado quanto à sua integridade. O ADN genómico bruto foi resolvido por eletroforese em gel de agarose, de acordo com o procedimento descrito na secção 3.1.6.2, e a razão OD 260/OD280 foi utilizada para avaliar a pureza do ADN, de acordo com o procedimento descrito na secção 3.1.6.3.

3.2.3 Diluição do ADN

Procedimento idêntico ao descrito na secção 3.1.6.4.

3.2.4 Rastreio de marcadores RGA associados a genes de resistência

3.2.4.1 Primers de análogos de genes resistentes (RGAs)

No presente estudo, foram utilizados nove pares de dezoito iniciadores RGA (quadro 3.8) da região conservada de diferentes classes do gene "R" da soja. Seis pares de primers RGA foram retirados de diferentes publicações, enquanto três pares de primers RGA foram concebidos recentemente com base nas sequências de proteínas de resistência ao YMV (NM001371839.1 e EF091690.1) utilizando a ferramenta Primer3 (https://bioinfo.ut.ee/primer30.4.0/) para amplificar sequências semelhantes a genes resistentes a partir do ADN genómico por PCR.

Tabela 3.8: Lista de primers RGA utilizados no presente estudo

N.º Sr.	pares	Cartilha	Sequências 5'-3'	Referência
1	1	RGA1FCG	AGTTTATAATTCGATTGCT	Kanazin, et al.1996
2		RGA1R	ACTACGATTCAAGACGTCCT	Kanazin, et al.1996
3	2	RGA8F	AGCGAGAGTTGTATTTAAG	Kanazin, et al.1996
4		RGA8R	AGCCACTTTTGACAACTGC	Kanazin, et al. 996
5	3	RGA22F2	GGGTGGTTTGGGTAAGACCAC	Maiti et al. 2011
6		RGA24R2	TTCGCGGTGTGTGAAAAGTCT	Maiti et al. 2011
7	4	VMYR1F	AGTTTATAATTTGATTGCT	Basak et al. 2004
8		VMYR1R	ACTACGATTCAAGACGTCCT	Basak et al. 2004
9	5	YR4F	GGNAAGACGACACTCGCNTTA	Maiti et al. 2011
10		YR4R	GACGTCCTNGTAACNTTGATCA	Maiti et al. 2011
11	6	CYR1F	GGGTGGNTTGGGTAAGACCAC	Maiti et al. 2011
12		CYR1R	NTCGCGGTGNGTGAAAAGNCT	Maiti et al. 2011

13	7	RGAMB1	AGTATATAATTCAGTTGCTA	Novo design
14		RGAMB2	ACGATTCCTGACTAGACTCA	Novo design
15	8	RGAMB3	ATAGATTGCATTACTAG	Novo design
16		RGAMB4	AGTGGTACGGTATTAGA	Novo design
17	9	RGAMB5	TTATAAATCGAGTTGCTA	Novo design
18		RGAMB6	CTACGATTCATGACTCATA	Novo design

3.2.4.2 Preparação da mistura de reação PCR

Foi utilizada a seguinte mistura de reação de RGA-PCR com um volume total de 20 µl por reação. Procedimento idêntico ao descrito na secção 3.1.7.2.

3.2.4.3 Perfil de PCR utilizado para a amplificação de ADN com primers RGA

A amplificação foi efectuada durante 35 ciclos no termociclador Bio-Rad e foi utilizada com um gradiente de temperatura de 45-60°C para o iniciador da proteína do revestimento, de acordo com o seguinte protocolo (Quadro 3.9).

Quadro 3.9: Programa do termociclador para a amplificação dos marcadores RGA

N.º Sr.	Passo	Temperatura	Tempo	Ciclo
1	Desnaturação inicial	95 °C	7 min	1
2	Desnaturação	95 °C	30 segundos	30-35
3	Recozimento	45-60 °C	45 segundos	
4	Extensão	72 °C	30 segundos	
5	Extensão final	72 °C	10 min	1
6	Manter	4 °C		-

Após a conclusão da PCR, os produtos foram armazenados a -20 °C até à realização da eletroforese em gel.

3.2.4.4 Eletroforese em gel de agarose

Separação dos produtos amplificados pela PCR por eletroforese em gel de agarose.

Requisitos

a) Agarose (tipo baixo EEO)

b) 10 x tampão Tris Borato EDTA (TBE) pH 8,0

c) 10 mM Tris - HCl; pH 8,0

d) 1 mM EDTA; pH 8,0

e) 55 g Ácido bórico

f) 6x Corante de carga para gel (Thermo Fisher Scientific)

g) Brometo de etídio (1 mg/ml)

h) Escada de ADN de 100 pb (Thermo Fisher Scientific)

Todos os produtos da PCR foram colocados num gel de agarose a 1,8% contendo 2 µl de brometo de etídio (1 mg/ml). 10 µl de produto PCR foram misturados com 2 µl de corante de carregamento de gel 6x e colocados no poço. O gel foi colocado a uma corrente de 80 V (constante) para separar as bandas amplificadas. O marcador de ADN padrão de 100 pb (Thermo Fisher Scientific) foi também utilizado juntamente com as amostras. Cada iniciador foi repetido duas vezes para confirmar os resultados. As bandas separadas foram documentadas sob um transiluminador UV e, em seguida, foram tiradas fotografias utilizando um sistema de documentação de gel (Bio-Rad) e analisadas.

3.3 IDENTIFICAÇÃO DE MARCADORES RGA POLIMÓRFICOS EM GENÓTIPOS DE FEIJÃO-MUNGO

No presente estudo, foram selecionados nove pares de marcadores RGA polimórficos entre seis genótipos de feijão-mungo resistentes e seis altamente susceptíveis. Destes, seis pares de primers RGA1FCG &RGA1R, VMYR1F & VMYR1R, YR4F & YR4R, CYR1F &CYR1R, RGA8F & RGA8R, RGA22F2 & RGA24R2 foram obtidos a partir de literatura previamente publicada e três pares de primers RGAMB1 & RGAMB2, RGAMB3 & RGAMB4, RGAMB5 & RGAMB6 foram concebidos recentemente.

CAPÍTULO 4

RESULTADOS E DISCUSSÃO

Este capítulo incorpora os resultados da investigação intitulada "Triagem de marcadores análogos de genes de resistência em mungbean [Vigna radiata (L.) Wilczek] contra a doença do mosaico amarelo" foi realizada no Departamento de Biologia Molecular Vegetal e Biotecnologia, ASPEE College of Horticulture and Forestry, Navsari Agricultural University, Navsari durante 2021-22. A experiência de campo foi realizada na College Farm, N. M. College of Agriculture, Navsari Agricultural University, Navsari, durante o verão de 2021. Os resultados da investigação relativos a cada aspeto foram apresentados e discutidos nos seguintes títulos e subtítulos.

4.1 RASTREIO DE CAMPO DE GENÓTIPOS DE FEIJÃO-MUNGO CONTRA A DOENÇA DO MOSAICO AMARELO

4.1.1 Rastreio no terreno

Um total de cem genótipos de feijão-mungo, incluindo variedades de controlo, foram testados contra doenças do mosaico amarelo em condições de campo durante o verão de 2021 na College Farm, N. M. College of Agriculture, Navsari Agricultural University, Navsari.

A cultura foi monitorizada regularmente para detetar a presença de mosca branca e o desenvolvimento de sintomas da doença. Os sintomas da doença foram observados aos 30 DAS. Os materiais de teste foram classificados depois de 80% das plantas nas linhas de espalhamento terem apresentado incidência de YMV.

Os resultados de cem genótipos de feijão-mungo selecionados em condições de campo contra a doença do mosaico amarelo são apresentados no quadro 4.1. Dos cem genótipos de feijão-mungo, verificou-se que quarenta e nove genótipos apresentavam resistência, vinte e dois genótipos apresentavam resistência moderada, onze genótipos apresentavam suscetibilidade moderada, três genótipos apresentavam resposta suscetível e quinze genótipos apresentavam resposta altamente suscetível à DMJ (Foto 4.1, Fig. 4.1).

Quadro 4.1: Seleção de genótipos de feijão-mungo com base na sua reação à doença do mosaico amarelo em condições de campo

Escala	Descrição	Reação	Genótipos
			NMS-21-01, NMS-21-04, NMS-21-53,
			NMS-21-94, NMS-21-02, NMS-21-05,
			NMS-21-06, NMS-21-07, NMS-21-08,
	Não visível		NMS-21-10, NMS-21-11, NMS-21-12,
1	Sintomas (ou)	Resistente	NMS-21-14, NMS-21-15, NMS-21-20,
	amarelo-minuto	(R)	NMS-21-22, NMS-21-28, NMS-21-32,
	manchas que cobrem		NMS-21-33, NMS-21-34, NMS-21-35,
	0,1-5,0% do		NMS-21-36, NMS-21-38, NMS-21-42,
	área foliar		NMS-21-44, NMS-21-46, NMS- 21-50,
			NMS-21-52, NMS-21-54, NMS-21-55,
			NMS-21-59, NMS-21-61, NMS-21-63,
			NMS-21-64, NMS-21-71, NMS-21-72,
			NMS-21-73, NMS- 21-74, NMS-21-76,
			NMS-21-78, NMS-21-80, NMS-21-82,
			NMS-21-85, NMS-21-86, NMS-21-87,
			NMS-21-92, NMS-21-95, NMS-21-96,
			40C.
			NMS-21-03, NMS-21- 09, NMS-21-13,
	Manchas de	Moderadamente	NMS-21- 21, NMS-21- 27, NMS-21- 29,
3	cobertura de folhas	resistente	NMS-21- 30, NMS-21- 31, NMS-21- 37,
	5,1-10,0% de	(MR)	NMS-21- 56, NMS-21- 57, NMS-21- 60,
	a zona das folhas		NMS-21- 62, NMS-21- 65, NMS-21- 75,
			NMS-21- 77, NMS-21- 79, NMS-21- 81,
			NMS-21-83, NMS-21-91, NMS-21-93,
			GM-6.
	Manchas e	Moderadamente	NMS-21- 17, NMS-21- 18, NMS-21- 19,
5	descoloração amarela de 10,1-25,0% de	suscetível (EM)	NMS-21- 25, NMS-21- 26, NMS- 21- 39, NMS-21- 45, NMS-21- 47, NMS-21-51,
	a zona das folhas		NMS-21-58, GM-7.

Genótipos de feijão-mungo com sintomas típicos de DMJ

Genótipos de feijão-mungo com reação resistente à DMJ

Foto 4.1: Reação dos genótipos de feijão-mungo contra a DMJ em condições de campo.

Escala	Descrição	Reação	Genótipos
7	Manchas e descoloração amarela das folhas em 25,1 a 50% da folha área	Suscetível (S)	NMS-21-16, NMS-21-41, NMS-21-43.
9	Manchas amarelas em mais de 50% e até 100% da superfície foliar	Altamente suscetível (HS)	NMS-21-23, NMS-21-24, NMS-21-40, NMS-21-48, NMS-21-49, NMS-21-66, NMS-21-67, NMS-21-68, NMS-21-69, NMS-21-70, NMS-21-84, NMS-21-88, NMS-21-89, NMS-21-90, GM-4.

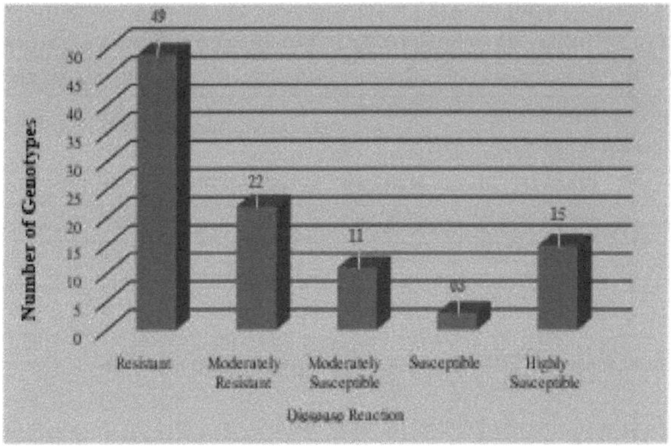

Fig 4.1: Número de genótipos de feijão-mungo classificados em diferentes reacções a doenças contra o mosaico amarelo

Quarenta e nove genótipos viz, NMS-21-01, NMS-21-04, NMS-21-53, NMS-21-94, NMS-21-02, NMS-21-05, NMS-21-06, NMS-21-07, NMS-21-08, NMS-21-10, NMS-21-11, NMS-21-12, NMS-21-14, NMS-21-15, NMS-21-20, NMS-21-22, NMS-21-28, NMS-21-32, NMS-21-33, NMS-21-34, NMS-21-35, NMS-21-36, NMS-21-38, NMS-21-42, NMS-21-44, NMS-21-46, NMS-21-50, NMS-21-52, NMS-21-54, NMS-21-55, NMS-21-59, NMS-21-61, NMS-21-63, NMS-21-64, NMS-21-71, NMS-21-72, NMS-21-73, NMS-21-74, NMS-21-76, NMS-21-78, NMS-21-80, NMS-21-82, NMS-21-85, NMS-21-86, NMS-21-87, NMS-21-92, NMS-21-95, NMS-21-96 e 40C mostraram-se resistentes. Os genótipos NMS-21-03, NMS-21- 09, NMS-21-13, NMS-21- 21, NMS-21- 27, NMS-21- 29, NMS-21- 30, NMS-21- 31, NMS-21-37, NMS-21- 56, NMS-21- 57, NMS-21- 60, NMS-21- 62, NMS-21- 65, NMS-21- 75, NMS-21- 77, NMS-21- 79, NMS-21- 81, NMS-21-83, NMS-21-91, NMS-21-93 e GM-6 foram considerados moderadamente resistentes. Os genótipos viz, NMS-21- 17, NMS-21- 18, NMS-21- 19, NMS-21- 25, NMS-21- 26, NMS-21- 39, NMS-21- 45, NMS-21- 47, NMS-21-51, NMS-21-58 e GM-7 mostraram-se moderadamente susceptíveis. Enquanto que os genótipos NMS-21-23, NMS-21-24, NMS-21-40, NMS-21-48, NMS-21-49, NMS-21-66, NMS-21-67, NMS-21-68, NMS-21-69, NMS-21-70, NMS-21-84, NMS-21-88, NMS-21-89, NMS-21-90 e GM-4 apresentaram uma reação altamente suscetível ao YMV. Resultados semelhantes foram comunicados por Kumar et al. (2014), Bhanu et al. (2017), Akram et al. (2021), em genótipos de feijão-mungo selecionados contra o MYMIV.

4.1.2 Amplificação e sequenciação do componente A do ADN parcial do vírus do mosaico amarelo

4.1.2.1 Isolamento de ADN

O ADN foi isolado de folhas tenras infectadas com YMD de seis genótipos selecionados de feijão-mungo altamente susceptíveis (GM 4, NMS-21-23, NMS-21-24, NMS-21-67, NMS-21-68 e NMS-21-89) pelo método CTAB indicado por Doyle e Doyle, 1987, com algumas modificações. Após a extração do ADN, a concentração de ADN foi determinada utilizando Nano-drop (quadro 4.2) para verificar a sua qualidade e quantidade. Por conseguinte, foram utilizadas diferentes quantidades de ADN na reação de PCR para obter um resultado uniforme. A qualidade do ADN foi verificada através de um gel de agarose a 0,8 % Foto 4.2.

Quadro 4.2: Concentração de ADN e relação 260/280 do ADN genómico extraído de amostras de folhas de genótipos de feijão-mungo altamente susceptíveis

N.º Sr.	Genótipos	Concentração (ng/ μl)	Rácio 260/280
1	GM 4	3658.50	1.85
2	NMS-21-23	2723.10	1.82
3	NMS-21-24	4467.80	1.81
4	NMS-21-40	2648.80	1.79
5	NMS-21-68	2334.20	1.84
6	NMS-21-69	2665.40	1.82

4.1.2.2 Amplificação por PCR do componente parcial do ADN-A

A fim de amplificar a sequência parcial de nucleótidos do vírus do mosaico amarelo (YMV), foram utilizados iniciadores específicos (quadro 3.4) para amplificar a região parcial da proteína da capa do componente DNA-A do YMV. A amplificação dos genes da proteína da capa parcial foi confirmada por eletroforese, tendo sido encontradas bandas de ~ 620 pb que confirmaram a presença do gene da proteína da capa parcial em todos os genótipos altamente susceptíveis (GM 4, NMS-21-23, NMS-21-24, NMS-21-67, NMS-21-68 e NMS-21-89) e não obtiveram amplificação nos genótipos resistentes (40C, NMS-21-01, NMS-21-06, NMS-21-22, NMS-21-49 e NMS-21-95). Foi amplificado um fragmento de ADN do gene parcial da proteína do revestimento com os iniciadores da proteína do revestimento MYMIVF1 e MYMIVR2 do vírus do mosaico amarelo do mungbean da Índia, com um amplicon de 620 pb (fotografia 4.3). Por conseguinte, a amplificação do fragmento parcial do gene da proteína da pelagem sugeriu que a infeção por YMD nos genótipos de feijão-mungo se devia ao vírus do mosaico amarelo do feijão-mungo da Índia.

Estes resultados estão em conformidade com as conclusões de Maheshwari et al. (2014), que obtiveram a amplificação do gene da proteína do revestimento do MYMV a partir de diferentes leguminosas utilizando primers específicos do gene CP com um tamanho de amplicon de aproximadamente 700 pb e 650 pb, respetivamente. Mugisa et al. (2014) também relataram um fragmento parcial de ~1300 pb do gene CP do ADN-A de feijão-mungo infetado com YMD. Além disso, um trabalho semelhante realizado por Rekha (2017) em mungbean e relatou a amplificação do gene da proteína do revestimento de ~ 650 pb de MYMV usando primers específicos. Da mesma forma, Prema e Rangaswamy (2018) relataram a amplificação do gene da proteína do revestimento de ~ 1000 pb do MYMV em mungbean.

4.1.2.3 Sequenciação do componente parcial do ADN-A do YMV

O fragmento parcial amplificado do gene CP do componente ADN-A foi purificado e sequenciado num sequenciador automático de ADN pelo método de sequenciação cíclica. Os resultados revelaram que a proteína de revestimento sequenciada do YMV tinha uma sequência de nucleótidos com 574 pb de comprimento. Os resultados da pesquisa BLAST (http://www.ncbi.nih.gov/BLAST), efectuada para identificar a homologia das sequências, demonstraram claramente que a sequência do gene da proteína da capa do YMV correspondia entre 98,05 e 98,94% aos isolados do vírus do mosaico amarelo do feijão-mungo da Índia previamente comunicados em diferentes localizações geográficas. Com base na comparação das sequências, a DMJ do feijão-mungo causada pelo YMV foi confirmada como o vírus do mosaico amarelo do feijão-mungo da Índia.

Além disso, a sequência foi submetida ao GeneBank, NCBI, Bethesda, Maryland, EUA, utilizando a ferramenta de submissão Bankit do NCBI (https://www.ncbi.nlm.nih.gov). O número de acesso ON622515.1 foi atribuído à sequência pelo GeneBank no domínio público (https://www.ncbi.nlm.nih.gov.) (Apêndices II e III). Um trabalho semelhante realizado por Mugisa et al. (2014) também registou um gene CP parcial de ~1300 pb de um fragmento de ADN-A de feijão-mungo infetado com YMD. Foi obtido um fragmento contendo 1285 pb, que foi posteriormente depositado no GeneBank, NCBI (número de acesso JQ004982). Do mesmo modo, Prema e Rangaswamy (2018) comunicaram a amplificação de ~1000 pb do gene da proteína do revestimento do MYMV em feijão-mungo. Além disso, o comprimento real do MYMV obtido foi de 889 pb, incluindo 115 pb de proteínas de pré-revestimento na extremidade 5', 774 pb de proteína de revestimento central e 257 aminoácidos deduzidos.

4.1.3 Análise filogenética da sequência e comparação com outros begomovírus

4.1.3.1 Alinhamento múltiplo e índice de similaridade

Os resultados do vírus sequenciado a partir da ferramenta BLAST mostraram a maior identidade de 98,94% com (Quadro 4.3) o isolado MYMIV- Mb02 do vírus do mosaico amarelo do mungbean da Índia, gene da proteína do revestimento (AV1), cds completo com o número de acesso GQ387502.1. Seguiu-se uma identidade de sequência de 98,05% com o número de acesso MZ235792.1, MT232629.1, AM950268.1, FM208844.1, GQ387508.1, EU523045.1, AF416742.1.

As sequências do gene da proteína da pelagem do presente estudo foram utilizadas para o estudo da homologia e a análise filogenética com 47 sequências diferentes do gene da proteína da pelagem descarregadas do NCBI. Para estudar a homologia das sequências, foram efectuados alinhamentos de sequências múltiplas para todas as 48 sequências do gene da proteína da pelagem utilizando o programa CLUSTALW (2) (https://www.ebi.ac.uk/Tools/msa/clustalw2/).

Foram efectuados alinhamentos de sequências múltiplas do segmento de ADN A do gene da proteína do revestimento do mungbean yellow mosaic India virus isolate NAU-RJ, número de acesso ON622515.1, para encontrar as sequências conservadas entre todas as sequências da proteína do revestimento do MYMIV. O programa CUSTALW(2) produz alinhamentos de sequências múltiplas de sequências divergentes com significado biológico. Calcula a melhor correspondência para as sequências selecionadas e alinha-as de modo a que as identidades, semelhanças e diferenças possam ser vistas utilizando este software e as relações evolutivas possam ser observadas (Apêndice-IV).

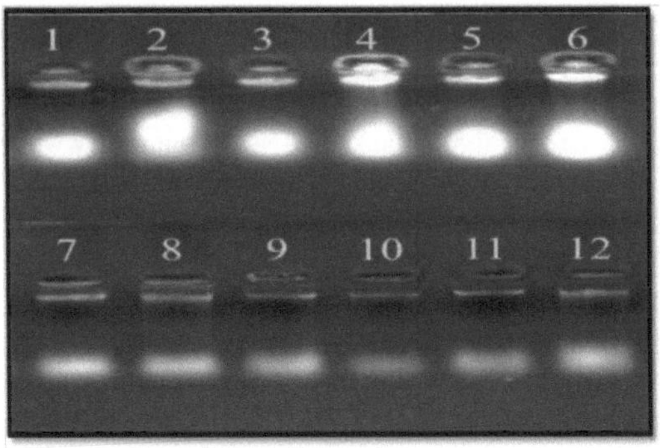

Foto 4.2: Separação do ADN genómico em gel de agarose a 0,8 % de diferentes genótipos de feijão-mungo altamente susceptíveis (1-6) e resistentes (7-12)

1.GM 4	4. NMS-21-40	7.40 C	10.NMS-21-22
2.NMS-21-23	5. NMS-21-68	8.NMS-21-01	11.NMS-21-49
3.NMS-21-24	6. NMS-21-69	9.NMS-21-06	12.NMS-21-95

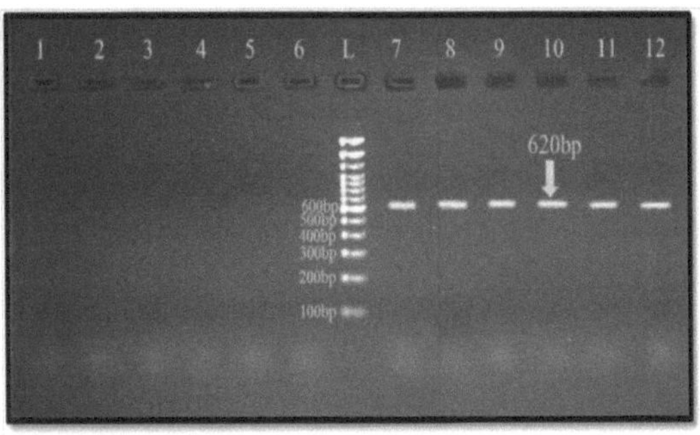

Foto 4.3: Amplificação por PCR do ADN-A do gene CP do YMV utilizando os iniciadores MYMIVF1 e MYMIVR2; resistência (1-6) altamente suscetível (7-12)

L- Escada de 100 pb			
1.GM 4	4. NMS-21-40	7.40 C	10.NMS-21-22
2.NMS-21-23	5. NMS-21-68	8.NMS-21-01	11.NMS-21-49
3.NMS-21-24	6. NMS-21-69	9.NMS-21-06	12.NMS-21-95

De acordo com Fauquet et al. (2008), as tendências recentes na nomenclatura e demarcação de espécies, estirpes e variantes das espécies, conclui-se que o vírus sequenciado é relatado como uma variante provisória do MYMIV (número de acesso GQ387502.1). Por conseguinte, o nome proposto para a variante mungbean yellow mosaic India virus isola NAU-RJ coat protein gene segment DNA A, número de acesso ON622515.1.

Tabela 4.3: Identidades percentuais (nucleótidos) entre o gene CP do ADN-A MYMIV, número de acesso ON622515.1, e outros vírus do mosaico amarelo do mungbean da Índia registados na base de dados NCBI

Sr. Não.	Nome do vírus	Identidade de sequência (%)	Número de acesso	Localização geográfica
1	Isolado do vírus do mosaico amarelo do feijão-mungo da Índia MYMIV-Mb02, gene da proteína do revestimento (AV1), cds completos	98.94	GQ387502.1	Uttar Pradesh
2	Isolado do vírus do mosaico amarelo do feijão mungo da Índia MYMIV-SBO, segmento de ADN-A, sequência completa	98.76	MF693401.1	Bihar
3	Genes da proteína de ativação da transcrição e da proteína potenciadora da replicação do vírus do mosaico amarelo do feijão mungo da Índia, cds parciais; e genes da proteína associada à replicação, AC4, proteína do pré-revestimento, proteína do revestimento e AC5, cds completos	98.76	KP677496.1	Andhra Pradesh
4	Isolado do vírus do mosaico amarelo do feijão-mungo da Índia MYMIV-Ub02, gene da proteína do revestimento (AV1), cds completos	98.76	GQ387507.1	Uttar Pradesh
5	Isolado do vírus do mosaico amarelo do feijão-mungo da Índia MYMIV-Mb01, gene da proteína do revestimento (AV1), cds completos	98.76	GQ387501.1	Uttar Pradesh
6	Mosaico amarelo do feijão-mungo Índia segmento de vírus ADN A, sequência completa	98.76	DQ389153.1	Nova Deli
7	Isolado do vírus do mosaico amarelo do feijão-mungo da Índia DNA do segmento Krishna - gene da proteína da pré-capa (AV2), cds parciais; e gene da proteína da capa (AV1), cds completos	98.58	MT270285.1	Andhra Pradesh
8	Vírus do mosaico amarelo do feijão-mungo da Índia gene AV1 para a proteína do revestimento, cds parcial, isolado: Sehore-1	98.93	LC271560.1	Madhya Pradesh

Sr. Não.	Nome do vírus	Identidade de sequência (%)	Número de acesso	Localização geográfica
9	Gene da proteína do revestimento (CP) do vírus do mosaico amarelo do feijão-mungo da Índia, cds parciais	98.58	KX655577.1	Bihar
10	Isolado do vírus do mosaico amarelo do feijão-mungo da Índia MYMIV-DES-AP, gene da proteína do revestimento (AV1), cds parciais	98.58	MZ475998.1	Andhra Pradesh
11	Mungbean yellow mosaic India virus segment A, sequência completa, isolado Palampur	98.58	FN794200.1	Himachal Pradesh
12	Mungbean yellow mosaic India virus DNA genómico, segmento DNA-A, sequência completa, isolado: Bhopal	98.40	LC271792.1	Madhya Pradesh
13	Isolado do vírus do mosaico amarelo do feijão-mungo da Índia MYMIV-ABEL-AP, gene da proteína do revestimento (AV1), cds parciais	98.40	MZ475997.1	Andhra Pradesh
14	Isolado do vírus do mosaico amarelo do feijão-mungo da Índia MYMIV-GN-AP, gene da proteína do revestimento (AV1), cds parciais	98.40	MZ475994.1	Andhra Pradesh
15	Segmento de ADN-A do vírus do mosaico amarelo do feijão-mungo da Índia, sequência completa	98.40	JX110618.1	Andhra Pradesh
16	Isolado do vírus do mosaico amarelo do feijão-mungo da Índia Guntur gene da proteína da pré-capa (AV2), cds parciais; e gene da proteína da capa (AV1), cds completos	98.40	JN181003.1	Andhra Pradesh
17	Mungbean yellow mosaic India virus, segmento ADN-A, sequência completa, clone MI9	98.40	FM208842.1	Paquistão
18	Mosaico amarelo do feijão-mungo Índia virus-[MungbeanPakistan] segmento A, genoma completo	98.40	AY269992.1	Paquistão
19	DNA-A genómico completo do vírus do mosaico amarelo da leguminosa, isolado 14	98.40	AJ512495.1	Paquistão
20	Genoma completo do vírus do mosaico amarelo da soja (Mungbean yellow mosaic India virus-[SoybeanTN])	98.40	AJ416349.1	Tamil Nadu
21	Gene av1 parcial do vírus do mosaico amarelo da soja para a proteína do revestimento	98.40	AJ315667.1	Tamil Nadu

Sr. Não.	Nome do vírus	Identidade de sequência (%)	Número de acesso	Localização geográfica
22	Vírus do mosaico amarelo do feijão mungo da Índia gene AV1 para a proteína do revestimento, cds parcial, isolado	98.57	LC271563.1	Madhya Pradesh
23	Vírus do mosaico amarelo do feijão mungo da Índia gene AV1 para a proteína do revestimento, cds parcial, isolado	98.57	LC271561.1	Madhya Pradesh
24	Vírus do mosaico amarelo do feijão mungo da Índia gene AV1 para a proteína do revestimento, cds parcial, isolado	98.57	LC271558.1	Madhya Pradesh
25	Mosaico amarelo do feijão-mungo Índiaisolado do vírus MRBA-2 segmento DNA-A, sequência completa	98.23	MN020535.1	Chhattisgarh
26	Gene da proteína do revestimento (CP) do vírus do mosaico amarelo do feijão-mungo da Índia, cds completos	98.23	KX655579.1	Bihar
27	Gene da proteína do revestimento (CP) do vírus do mosaico amarelo do feijão-mungo da Índia, cds completos	98.23	KX655576.1	Bihar
28	Gene da proteína do revestimento (CP) do vírus do mosaico amarelo do feijão-mungo da Índia, cds completos	98.23	KX655575.1	Bihar
29	Isolados do vírus do mosaico amarelo do feijão-mungo da ÍndiaIN:ND:Feijão-frade:13segmentos de ADN-A, sequência completa	98.23	KX363947.1	Bihar
30	DNA genómico do vírus do mosaico amarelo do feijão-mungo da Índia, segmento DNA-A, sequência completa, isolado	98.23	LC271790.1	Madhya Pradesh
31	Isolados do vírus do mosaico amarelo do feijão-mungo da Índia 30-07-2014 gene da proteína do revestimento (AC1), cds completos	98.23	KX575866.1	Bihar
32	Mungbean yellow mosaic India virus isolate MJS1 segment DNA-A, sequência completa	98.23	KR052025.1	Uttar Pradesh
33	Clone do vírus do mosaico amarelo do feijão mungo da Índia CA3, segmento de ADN A, sequência completa	98.23	KC911720.1	Tamil Nadu
34	Clone do vírus do mosaico amarelo do feijão mungo da Índia CA4, segmento de ADN A, sequência completa	98.23	KC911719.1	Tamil Nadu
35	Mungbean yellow mosaic India virus, segmento ADN-A, sequência completa, clone MI2	98.23	FM208846.1	Paquistão

Sr. Não.	Nome do vírus	Identidade de sequência (%)	Número de acesso	Localização geográfica
36	Isolado do vírus do mosaico amarelo do feijão-mungo da Índia MYMIV-Ub05 gene da proteína do revestimento (AV1), cds completos	98.23	GQ387510.1	Uttar Pradesh
37	Genes da proteína da pré-capa (AV2) e da proteína da capa (AV1) do vírus do mosaico amarelo do feijão-mungo da Índia, cds completos	98.23	DQ389151.1	Panjab
38	Vírus do mosaico amarelo do feijão mungo da Índia gene AV1 para a proteína do revestimento, cds parcial, isolado	98.39	LC271565.1	Madhya Pradesh
39	Vírus do mosaico amarelo do feijão mungo da Índia gene AV1 para a proteína do revestimento, cds parcial, isolado	98.39	LC271562.1	Andhra Pradesh
40	Isolado do vírus do mosaico amarelo do feijão-mungo da Índia MVMIV-BG-BPT-segmento VTC DNA-A, sequência completa	98.05	MZ235792.1	Andhra Pradesh
41	Clone do vírus do mosaico amarelo do feijão-mungo da Índia SB-Bam-NIBSM segmento ADN-A, sequência completa	98.05	MT232629.1	Chhattisgarh
42	Mosaico amarelo do feijão-mungo Índia segmento de ADN A do vírus, sequência completa, clone MI15	98.05	AM950268.1	Paquistão
43	Mungbean yellow mosaic India virus, segmento DNA-A, sequência completa, clone MI12	98.05	FM208844.1	Paquistão
44	Isolado do vírus do mosaico amarelo do feijão-mungo da Índia MYMIV-Ub04, gene da proteína do revestimento (AV1), cds completos	98.05	GQ387509.1	Uttar Pradesh
45	Isolado do vírus do mosaico amarelo do feijão-mungo da Índia MYMIV-Ub03 gene da proteína do revestimento (AV1), cds completos	98.05	GQ387508.1	Uttar Pradesh
46	Segmento A do ADN do vírus do mosaico amarelo do feijão-mungo da Índia, completo sequência	98.05	EU523045.1	Delhi
47	Mungbean yellow mosaic India virus-[Mungbean] DNA A, sequência completa	98.05	AF416742.1	Delhi

4.1.3.2 Descoberta de uma estrutura de leitura aberta (ORF)

A sequência do gene da proteína de revestimento (AVI) (cds parcial) do MYMIV foi analisada para detetar diferentes ORF utilizando a ferramenta ORF finder do NCBI, seguida de NCBI-BLASTP para a previsão da sequência da proteína de revestimento utilizando a base de dados pfam. A sequência prevista para a proteína do revestimento de 187aa foi ainda analisada quanto à presença de um domínio conservado utilizando a ferramenta NCBI-CDD (fotografia 4.4). A ORF obtida a partir da sequência genética da proteína da bainha mostrou a presença de um domínio conservado como a superfamília da proteína da bainha do geminivírus/fator de exportação nuclear BR1 da base de dados Pfam, com o número de acesso Pfam00844 e o valor E de 6,40e-69 (fotografia 4.5). Foi também realizado um trabalho semelhante na sequência da proteína do revestimento do ToLCV por Kumar et al., (2012), na proteína do revestimento do Papaya Leaf curl virus por Patel e Kalaria (2018) e na sequência da proteína do revestimento do Tomato leaf curl virus disease (ToLCVD) por Solanki e Kalaria (2019).

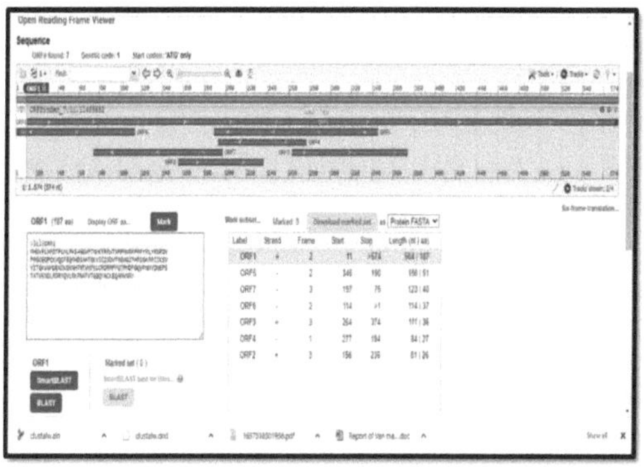

Foto 4.4 Sequência de aminoácidos prevista para o mosaico amarelo do feijão-mungo (mungbean yellow mosaic India)

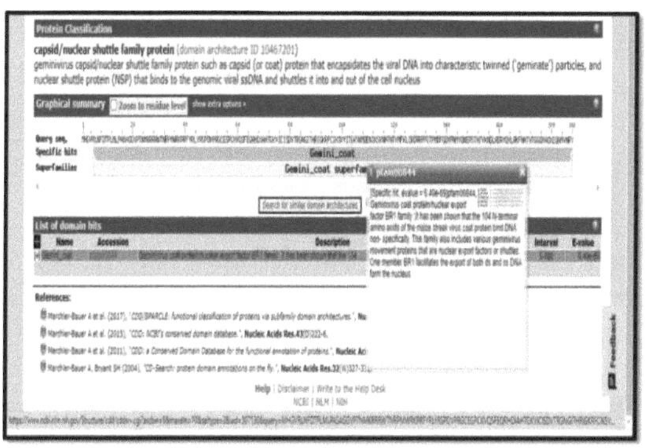

Isolado de vírus NAU-RJ segmento de ADN do gene da proteína da capa A

Foto 4.5: Previsão do domínio conservado do gene da proteína do revestimento do mungbean yellow mosaic India virus isolado NAU-RJ, segmento de ADN A

4.1.3.3 Análise filogenética do gene CP do DNA-A MYMIV com outros Begomovírus

Foram efectuados alinhamentos múltiplos das sequências do gene da proteína do revestimento do isolado NAU-RJ do vírus do mosaico amarelo do mungbean da Índia, segmento de ADN A, número de acesso ON622515.1.1, para encontrar as sequências conservadas entre todas as sequências da proteína do revestimento do MYMIV. Além disso, foi construída uma árvore filogenética pelo método Neighbour-Joining com 1.000 replicações bootstrap. A árvore filogenética construída com os genes parciais da proteína da membrana do isolado NAU-RJ do vírus do mosaico amarelo do mungbean da Índia, segmento de ADN A do gene da proteína da membrana, mostrou dois grupos principais (Fig. 4.2) (apêndice V). Além disso, uma subdivisão do grupo A2 dividiu-se em A2a, que incluía o segmento de ADN A do gene da proteína da pelagem do isolado NAU-RJ do vírus do mosaico amarelo do feijoeiro da Índia, com o número de acesso ON622515.1, enquanto o subagrupamento A2b incluía AJ512495.1, FM208842.1, FM208846.1, FM208844.1, AY269992.1, AM950268.1, GQ387510.1, GQ387509.1, LC271563.1. seguido do aglomerado A2c, que incluía GQ387507.1. Enquanto o agrupamento B se dividiu em duas subdivisões, o agrupamento B1 incluiu FN794200.1, AF416742.1, KX655579.1, KX655576.1, KX655575.1, KX575866.1, JX110618.1, KC911719.1, MZ475998.1, JN181003.1, KP677496.1, MN020535.1, MZ235792.1, MZ475994.1, MT270285.1, MZ475997.1, GQ387501.1, LC271560.1, KX655577.1, MT232629.1, GQ387508.1, enquanto o subgrupo B2 incluiu LC271792.1, LC271561.1, LC27565.1, LC271562.1, LC271558.1, AJ416349.1, AJ315667.1, DQ389151.1. Além disso, os grupos A2b e A2c incluíam maioritariamente as estirpes MYMIV, que predominam nas diferentes regiões da Índia, sobretudo em Deli, Madhya Pradesh e em todo o Paquistão. Enquanto o cluster A2a representava o isolado do vírus do mosaico amarelo do mungbean NAU-RJ, o segmento de ADN A do gene da proteína do revestimento em Gujarat, que conformou a infeção por YMD como MYMIV no genótipo de mungbean em condições de campo durante o verão de 2021. Uma análise filogénica semelhante foi relatada por Naimuddin et al. (2011) em grama preta contra o MYMIV. Mugisa et al. (2014) em feijão-mungo contra o MYMV. Além disso, trabalho semelhante realizado por Madhumitha et al. (2019) em mungbean contra MYMV.

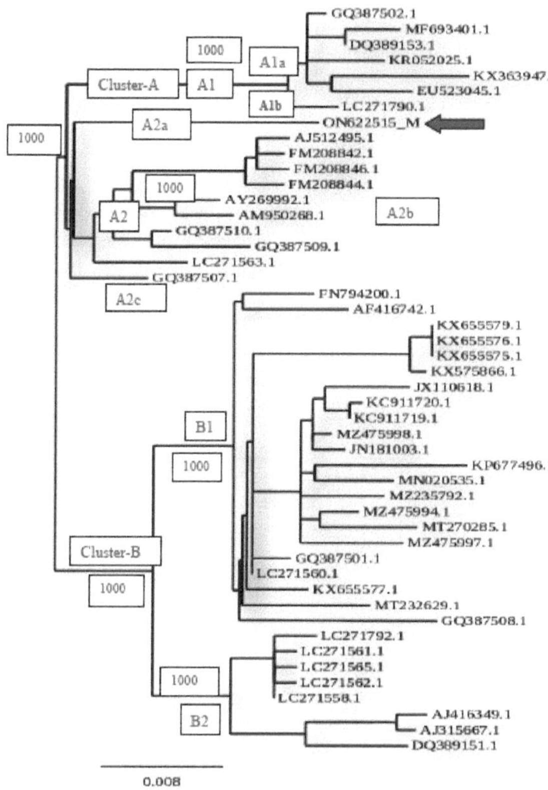

Fig. 4.2: Árvore filogenética das sequências do gene da proteína do revestimento (CP) do isolado MYMIV (ON622515.1) e do MYMIV anteriormente registado

4.2 IDENTIFICAÇÃO DO(S) MARCADOR(ES) RGA ASSOCIADO(S) AO GENE DE RESISTÊNCIA

4.2.1 Isolamento do ADN genómico

No presente estudo molecular, foram selecionados genótipos de feijão-mungo, incluindo seis altamente susceptíveis (GM 4, NMS-21-23, NMS-21-24, NMS-21-40, NMS-21-68 e NMS-21-69) e seis resistentes (40C, NMS-21-01, NMS-21-06, NMS-21-22, NMS-21-49 e NMS-21-95), juntamente com variedades de controlo. O ADN genómico foi isolado das folhas tenras dos genótipos de feijão-mungo acima selecionados pelo método CTAB.

4.2.2 Estimativa qualitativa e quantitativa do ADN

O ADN genómico isolado de doze amostras selecionadas foi verificado quanto à sua integridade. O ADN genómico bruto foi resolvido por eletroforese em gel de agarose e a relação OD 260/OD280 foi utilizada para avaliar a pureza do ADN. Um rácio de 1,8 é aceite como "puro" para o ADN. O ADN extraído foi utilizado para a análise de marcadores RGA. O genótipo NMS-21-24 apresentou uma concentração máxima de ADN (4467,80 ng/ µl), e o NMS-21-01 apresentou uma concentração mínima de ADN (1474,50 ng/ µl) (Quadro 4.4). Este teste foi efectuado apenas para determinar a concentração de ADN na amostra a retirar para posterior análise RGA.

Tabela 4.4: Concentração de ADN e relação 260/280 do ADN genómico extraído de amostras de folhas de genótipos de feijão-mungo altamente susceptíveis e resistentes

Sr. nº.	Genótipos	Concentração (ng/ µl)	Rácio 260/280
1	GM 4	3658.50	1.85
2	NMS-21-23	2723.10	1.82
3	NMS-21-24	4467.80	1.81
4	NMS-21-40	2648.80	1.79
5	NMS-21-68	2334.20	1.84
6	NMS-21-69	2665.40	1.82
7	40 C	4319.50	1.83
8	NMS-21-01	1474.50	1.84
9	NMS-21-06	2687.60	1.83
10	NMS-21-22	1790.50	1.81

4.2.3 Rastreio de marcadores RGA associados a genes de resistência

Para a análise RGA, foram selecionados nove pares de iniciadores RGA (quadro 3.7), utilizando ADN genómico de doze genótipos de feijão-mungo. Destes, cinco pares de iniciadores RGA1FCG &RGA1R, RGA22F2 & RGA24R2, VMYR1F & VMYR1R, RGA8F & RGA8R e RGAMB1 & RGAMB2 mostraram amplificação nos genótipos resistentes, enquanto quatro pares de iniciadores YR4F & YR4R, CYR1F & CYR1R, RGAMB3 & RGAMB4 e RGAMB5 & RGAMB6 não amplificaram nos genótipos resistentes. No total, foram selecionados nove pares de iniciadores. Destes, seis pares de iniciadores foram obtidos a partir da literatura previamente publicada RGA1FCG &RGA1R, VMYR1F & VMYR1R, YR4F & YR4R, CYR1F & CYR1R, RGA8F & RGA8R, RGA22F2 & RGA24R2 e três pares de primers RGAMB1 & RGAMB2, RGAMB3 & RGAMB4, RGAMB5 & RGAMB6 foram concebidos recentemente. Dos seis pares de primers, quatro pares de primers foram amplificados com sucesso a partir da literatura previamente relatada. Por outro lado, apenas um par de iniciadores foi amplificado a partir do grupo recentemente concebido.

4.3 IDENTIFICAÇÃO DE MARCADORES RGA POLIMÓRFICOS EM GENÓTIPOS DE FEIJÃO-MUNGO

O par de iniciadores RGA um RGA1FCG & RGA1R mostrou a presença de bandas consistentes de tamanho ~450 pb em todos os genótipos resistentes de feijão-mungo (40C, NMS-21-01, NMS-21-06, NMS-21-22, NMS-21-49 e NMS-21-95), enquanto que não se verificou em todos os genótipos altamente susceptíveis de feijão-mungo (GM 4, NMS-21-23

NMS-21-24, NMS-21-40, NMS-21-68, NMS-21-69) Foto 4.6. O par de iniciadores RGA dois RGA8F & RGA8R amplificou uma banda de ~400 pb, presente em todos os genótipos resistentes, mas ausente em todos os genótipos altamente susceptíveis Foto 4.7. O par de iniciadores RGA três RGA22F2 & RGA24R2 mostrou a presença de bandas consistentes de tamanho ~100 pb em todos os genótipos resistentes, mas ausentes nos genótipos altamente susceptíveis. Foto 4.8.

O par de primers RGA quatro VMYR1F & VMYR1R mostrou a presença de bandas consistentes de tamanho ~450bp em todos os genótipos resistentes, enquanto que não se verificou em todos os genótipos altamente susceptíveis Foto 4.9.

Todos os genótipos resistentes mostraram amplicons consistentes de tamanho ~750 bp com o par de primers RGA sete RGAMB1 & RGAMB2, enquanto os genótipos altamente susceptíveis não mostraram qualquer amplicon revelando a ausência de amplificação nos genótipos susceptíveis Foto 4.10.

Por outro lado, o par de iniciadores RGA cinco YR4F & YR4R, seis CYR1F & CYR1R, oito RGAMB3 & RGAMB4 e nove RGAMB5 & RGAMB6 não apresentaram amplificação em todos os genótipos de feijão-mungo resistentes e altamente susceptíveis.

A presente investigação mostrou que foram selecionados nove pares de iniciadores RGA utilizando doze genótipos de feijão-mungo. Destes, cinco pares de iniciadores RGA foram amplificados com êxito em todos os genótipos resistentes, enquanto não se observou amplificação em todos os genótipos altamente susceptíveis.Todos os cinco pares de iniciadores RGA RGA1FCG &RGA1R, RGA8F & RGA8R, RGA22F2 & RGA24R2, VMYR1F & VMYR1R, e RGAMB1 & RGAMB2 foram encontrados com uma única banda de aproximadamente 450 pb, 400 pb, 100 pb, 450 pb e 750 pb, respetivamente, em genótipos resistentes. A amplificação observada nos genótipos resistentes, embora ausente nos genótipos altamente susceptíveis, indica que estes marcadores estão associados ao gene que controla a resistência à DMJ no feijão-mungo.

As presentes investigações estão em conformidade com os resultados previamente comunicados por Basak et al. (2004), em que o marcador (VMYR1F & VMYR1R) foi amplificado a 445 pb em todas as linhas tolerantes de feijão-mungo. Além disso, Maiti et al. (2011), um YR4 amplificou um desses fragmentos polimórficos de 456 pb, enquanto um CYR1 amplificou outro fragmento polimórfico de 1236 pb, presente em linhas tolerantes, mas ausente na cultivar suscetível. Resultados semelhantes também foram observados por Saravanan (2011), que relatou que os primers RGA1 (RGA1FCG & 1R) e RGA8 (RGA8F & 8R) produziram amplicons de 490-513pb e 387-390pb, respetivamente. Além disso, Kalaria (2014) quatro pares de fabricantes de RGA mostraram a presença de bandas consistentes de tamanho ~450bp em todas as linhas resistentes, enquanto ausentes no GM 4 suscetível. Kabi et al. (2017) relataram que o par de primers RGA22F2 & RGA24R2 produziu um amplicon de 90 pb em sete genótipos resistentes. Além disso, resultados semelhantes foram observados por Patel et al. (2018), que relataram que apenas um par de primers RGA 1F-CG/RGA 1R amplificou uma única banda de 445 pb no genótipo resistente, enquanto ausente no suscetível.

No presente estudo, cinco pares de marcadores RGA foram eficazes na distinção entre os genótipos de feijão-mungo resistentes e altamente susceptíveis. Estes marcadores RGA podem ser utilizados para o mapeamento de genes de resistência e estudos de validação de marcadores com resistência duradoura ao YMV. Os marcadores RGA serão utilizados na seleção assistida por marcadores para o desenvolvimento de cultivares resistentes num período de tempo relativamente curto.

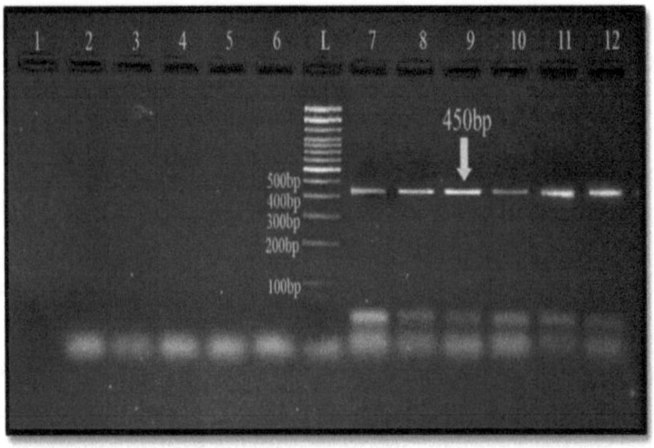

Foto 4.6: Perfil RGA de genótipos de feijão-mungo altamente susceptíveis (1-6) e resistentes (7-12) com o par de iniciadores RGA1FCG e RGA1R

L- Escada de 100 pb			
1.GM 4	4. NMS-21-40	7.40 C	10.NMS-21-22
2.NMS-21-23	5. NMS-21-68	8.NMS-21-01	11.NMS-21-49
3.NMS-21-24	6. NMS-21-69	9.NMS-21-06	12.NMS-21-95

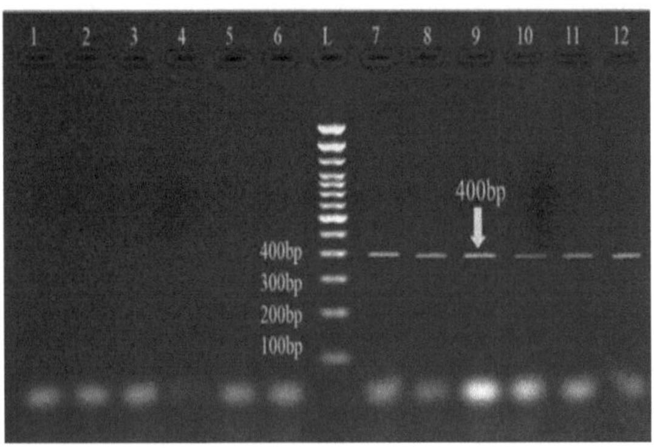

Foto 4.7: Perfil RGA de genótipos de feijão-mungo altamente susceptíveis (1-6) e resistentes (7-12) com o par de iniciadores RGA8F e RGA8R

L- Escada de 100 pb			
1.GM 4	4. NMS-21-40	7.40 C	10.NMS-21-22
2.NMS-21-23	5. NMS-21-68	8.NMS-21-01	11.NMS-21-49
3.NMS-21-24	6. NMS-21-69	9.NMS-21-06	12.NMS-21-95

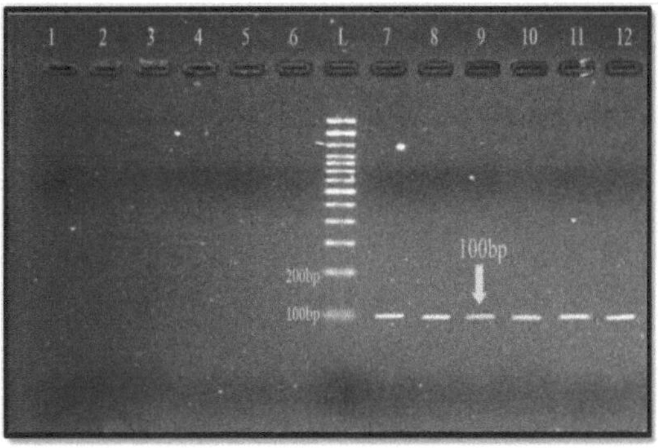

Foto 4.8: Perfil RGA de genótipos de feijão-mungo altamente susceptíveis (1-6) e resistentes (7-12) com o par de iniciadores RGA22F2 e RGA22R2

L- Escada de 100 pb			
1.GM 4	4. NMS-21-40	7.40 C	10.NMS-21-22
2.NMS-21-23	5. NMS-21-68	8.NMS-21-01	11.NMS-21-49
3.NMS-21-24	6. NMS-21-69	9.NMS-21-06	12.NMS-21-95

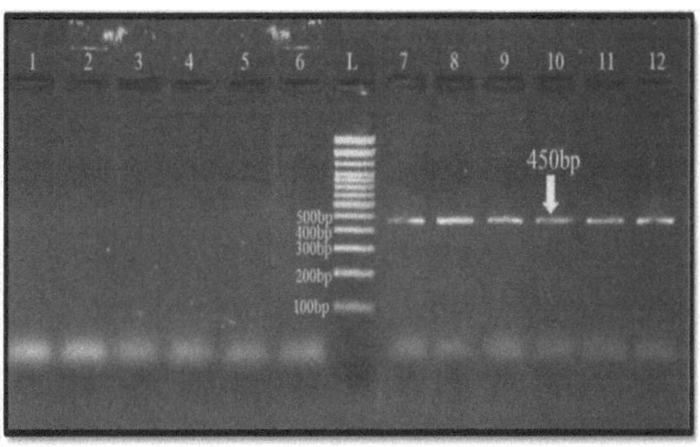

Foto 4.9: Perfil RGA de genótipos de feijão-mungo altamente susceptíveis (1-6) e resistentes (7-12) com o par de iniciadores VMYR1F e VMYR1R

L- Escada de 100 pb			
1.GM 4	4. NMS-21-40	7.40 C	10.NMS-21-22
2.NMS-21-23	5. NMS-21-68	8.NMS-21-01	11.NMS-21-49
3.NMS-21-24	6. NMS-21-69	9.NMS-21-06	12.NMS-21-95

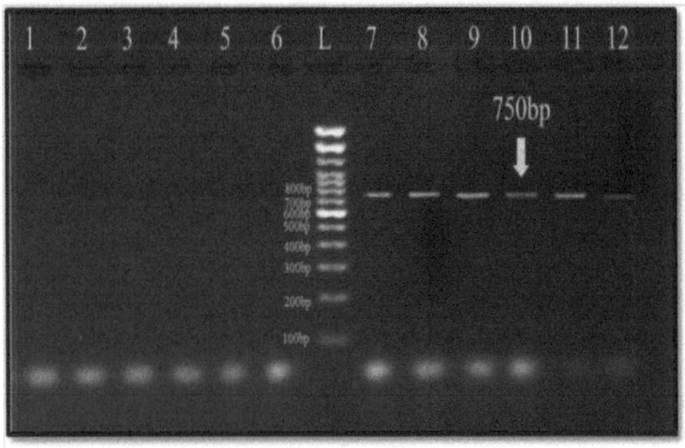

Foto 4.10: Perfil RGA de genótipos de feijão-mungo altamente susceptíveis (1-6) e resistentes (7-12) com o par de iniciadores RGAMB1 e RGAMB2

L- Escada de 100 pb			
1.GM 4	4. NMS-21-40	7.40 C	10.NMS-21-22
2.NMS-21-23	5. NMS-21-68	8.NMS-21-01	11.NMS-21-49
3.NMS-21-24	6. NMS-21-69	9.NMS-21-06	12.NMS-21-95

CAPÍTULO 5

RESUMO E CONCLUSÃO

A presente investigação intitulada "Triagem de marcador(es) análogo(s) de gene de resistência em Mungbean [Vigna radiata (L.) Wilczek] contra a doença do mosaico amarelo" foi realizada no Departamento de Biologia Molecular Vegetal e Biotecnologia, ASPEE College of Horticulture and Forestry, Navsari Agricultural University, Navsari durante 2021-22. A experiência de campo foi realizada na College Farm, N. M. College of Agriculture, Navsari Agricultural University, Navsari, durante o verão de 2021.

5.1 RESUMO

Neste estudo, com base na escala de classificação da doença (1-9), cem genótipos de feijão-mungo rastreados em condições de campo contra a doença do mosaico amarelo durante o verão de 2021. Dos cem genótipos de feijão-mungo, verificou-se que quarenta e nove genótipos eram resistentes, vinte e dois genótipos eram moderadamente resistentes, onze genótipos eram moderadamente susceptíveis, três genótipos eram susceptíveis e quinze genótipos eram altamente susceptíveis à doença do mosaico amarelo. Um fragmento de ADN do gene parcial da proteína da pelagem foi amplificado com os iniciadores da proteína da pelagem MYMIVF1 e MYMIVR2 do vírus do mosaico amarelo da Índia do feijão-mungo com um amplicon de ~ 620 pb, enquanto os iniciadores (MYMIVF3 & MYMIVR4, MYMVF5 & MYMVR6, e DYMV1 & DYMV2, DYMV3 & DYMV4) não amplificaram. Por conseguinte, a amplificação do fragmento parcial do gene da proteína do revestimento sugeriu que a infeção por YMD nos genótipos de feijão-mungo era devida ao vírus do mosaico amarelo do feijão-mungo da Índia. O fragmento amplificado foi purificado e sequenciado. Obteve-se uma sequência de nucleótidos de 574 pb. Os resultados obtidos com a ferramenta BLAST sugeriram que o vírus sequenciado apresentava a maior identidade, 98,94%, com o isolado MYMIV-Mb02 do vírus do mosaico amarelo da Índia, gene da proteína do revestimento (AV1), cds completo com o número de acesso GQ387502.1. De acordo com as tendências recentes na nomenclatura e demarcação de espécies, estirpes e variantes das espécies, conclui-se que o vírus sequenciado é uma variante experimental do MYMIV (número de acesso ON622515.1). Por conseguinte, o nome proposto para a variante é mungbean yellow mosaic India virus isolate NAU-RJ coat protein gene segment DNA-A, número de acesso ON622515.1.

A sequência prevista da proteína da bainha de 187aa, obtida com a ferramenta ORF finder, foi analisada para detetar a presença de um domínio conservado utilizando a ferramenta NCBI-CDD. A ORF obtida a partir da sequência do gene da proteína da capa mostrou a presença de um domínio conservado como a superfamília da proteína da capa do geminivírus/fator de exportação nuclear BR1 da base de dados Pfam, com o número de acesso Pfam00844 e um valor E de 6,40e-69. A árvore filogenética construída com base nos genes parciais da proteína do revestimento do segmento do gene da proteína do revestimento do isolado NAU-RJ do vírus do mosaico amarelo do mungbean da Índia mostrou dois grupos principais O grupo A está dividido em duas subdivisões: grupo A1 e A2. Além disso, uma subdivisão do agregado A2 dividiu-se em A2a, que incluía o segmento do gene da proteína da capa do isolado NAU-RJ do vírus do mosaico amarelo do mungbean da Índia, com o número de acesso

ON622515.1, enquanto o subagrupamento A2b incluía AJ512495.1, FM208842.1, FM208846.1, FM208844.1, AY269992.1, AM950268.1, GQ387510.1, GQ387509.1, LC271563.1. seguido do aglomerado A2c, que incluía GQ387507.1. Além disso, o cluster A2b e A2c incluiu principalmente a cepa MYMIV que predomina principalmente nas diferentes regiões da Índia, principalmente UP e em todo o Reino Unido, Paquistão e Japão, enquanto o cluster A2a representou como vírus do mosaico amarelo do mungbean isolado NAU-RJ segmento de DNA do gene da proteína do revestimento A no sul de Gujarat que conformou a infeção YMD como MYMIV no genótipo de mungbean em condições de campo durante o verão de 2021.

No presente estudo, o confinamento de espécies da doença do mosaico amarelo que infectam genótipos de feijão-mungo no Sul de Gujarat deveu-se ao vírus do mosaico amarelo do feijão-mungo da Índia (MYMIV). No presente inquérito, procedeu-se ao rastreio de nove pares de iniciadores RGA utilizando ADN genómico de doze genótipos de feijão-mungo. Destes, seis pares de iniciadores foram obtidos a partir da literatura anteriormente publicada: RGA1FCG &RGA1R, VMYR1F & VMYR1R, YR4F & YR4R, CYR1F & CYR1R, RGA8F & RGA8R, RGA22F2 & RGA24R2 e três pares de primers RGAMB1 & RGAMB2, RGAMB3 & RGAMB4 e RGAMB5 & RGAMB6 foram concebidos recentemente. Dos nove pares de iniciadores RGA, cinco pares de iniciadores RGA foram amplificados com êxito em todos os genótipos resistentes, não tendo sido observada qualquer amplificação em todos os genótipos altamente susceptíveis, enquanto quatro pares de iniciadores não foram amplificados em genótipos resistentes. Enquanto quatro pares de primers foram amplificados com sucesso a partir da literatura previamente relatada. Por outro lado, apenas um par de primers foi amplificado a partir do grupo recentemente concebido. Os resultados foram obtidos em cinco pares de primers RGA RGA1FCG &RGA1R, RGA8F & RGA8R, RGA22F2 & RGA24R2, VMYR1F & VMYR1R e RGAIB1 & RGAIB2, tendo sido encontrada uma única banda de aproximadamente 450 pb, 400 pb, 100 pb, 450 pb e 750 pb, respetivamente, em genótipos resistentes. A amplificação observada em todos os genótipos resistentes, embora ausente em todos os genótipos altamente susceptíveis, indica que este marcador está associado ao gene que controla a resistência à febre catarral ovina no feijão-mungo. Uma vez que os begomovírus representam uma séria ameaça para o cultivo de muitas culturas economicamente importantes, os resultados obtidos em cinco pares de marcadores RGA foram eficazes na distinção entre genótipos resistentes e altamente susceptíveis. Estes marcadores RGA podem ser utilizados eficazmente em programas MAS para melhorar os traços de resistência à doença MYMIV em genótipos de feijão-mungo. Estes marcadores RGA encontram as suas aplicações na genómica e na bioinformática, como o mapeamento de ligações, o mapeamento de QTL, a clonagem de genes de resistência das plantas e o melhoramento da resistência.

5.2 CONCLUSÃO

- O rastreio de cem genótipos de feijão-mungo relativamente ao vírus do mosaico amarelo da Índia do feijão-mungo em condições de campo concluiu que quarenta e nove genótipos se revelaram muito resistentes, vinte e dois genótipos moderadamente resistentes, onze genótipos moderadamente susceptíveis, três genótipos susceptíveis e quinze genótipos altamente susceptíveis.
- O estudo de caraterização revelou que o ADN A do gene da proteína do revestimento

parcial do vírus causa a doença do mosaico amarelo do feijão-mungo no feijão-mungo.

- ▶ A caraterização molecular da doença do mosaico amarelo confirmou a presença do vírus do mosaico amarelo do feijão-mungo da Índia (MYMIV) em genótipos de feijão-mungo infectados com a doença, em condições de campo no Sul de Gujarat.
- ▶ A fonte de resistência obtida no presente estudo pode ser utilizada no programa de melhoramento para o desenvolvimento de variedades resistentes à MYMIV.
- ▶ O resultado de cinco pares de marcadores RGA pode ser utilizado para o mapeamento de genes resistentes e estudos de validação de marcadores.
- ▶ A informação disponível no presente estudo sobre o marcador RGA ligado à resistência MYMIV pode ajudar o programa de melhoramento do feijão-mungo destinado a conferir resistência ao mosaico em variedades de elevado rendimento utilizando a seleção assistida por marcadores.

REFERÊNCIAS

Abd El-Aal, A.S.; Ageez, A.; Maaty, W.; Gaber, A. e Abdallah, N.A. (2008). Identificação e caraterização do análogo do gene de resistência (RGA) e do gene de resistência à ferrugem da folha Lr21 da cultivar de trigo Giza168. Arab J. Biotech, **11**(1): 85- 94.

Abhisheka, L. S.; Mogali, S. C. e Majhi, P. K. (2020). Triagem de linhas avançadas de melhoramento (ABLs) de grama verde [Vigna radiata (L.) Wilczek] na geração F6 para reação à doença do vírus do mosaico amarelo de Mungbean (MYMV) em condições de campo. Electronic J. Plant Breed, **11**(03): 783-788.

Ahmad, S.; Sajjad, M.; Nawaz, R.; Hussain, M. A e Aslam, M. N. (2017). Identificação de fontes de resistência ao vírus do mosaico amarelo do feijão mungo entre o germoplasma do feijão mungo. Asian J. Agric. Bio.,**5**(1): 26-31.

Akhtar, K. P.; Sarwar, G.; Abbas, M. J.; Asghar, N. e Shah, T. M., 2011, Screening of mungbean germplasm against mungbean yellow mosaic India virus and its vetor Bemisia tabaci, Crop Prot., **30**: 1202-1209.

Akram, M. (2012). Comparação das sequências do gene da proteína do revestimento dos isolados do vírus do mosaico amarelo do mungbean da Índia que infectam as culturas de mungbean e urdbean. J. Food Legumes, **25**(4): 286-290.

Akram, M.; Kamaal, N.; Pratap, A. e Singh, N. P. (2021). Status de resistência de materiais de reprodução avançados de mungbean (Vigna radiata (L.) Wilczek) contra o vírus do mosaico amarelo da Índia do mungbean. Archives Phytopathol.and Pl. Prot., **54**(19): 2533-2546.

Anónimo. Recuperado de 2020.

http://indiastat.com/table/agriculturedata/2/moonggreengram/195/71/446269/d ata.aspx

Basak, J.; Kundagrami, S.; Ghose, T. K. e Pal, A. (2004). Desenvolvimento de um marcador de ADN ligado resistente ao vírus do mosaico amarelo (YMV) em Vigna mungo a partir de populações que segregam para a reação ao YMV. Molecular Breed, **14**: 375-383.

Basak, J.; Kundu, S.; e Pal, A. (2007). Análise filogenética da organização estrutural divergente do domínio de ligação de nucleótidos codificado por genes de resistência e homólogos de genes na família Fabaceae. Indian J. Biotechnol, **6**: 9-17.

Basak, J.; Soumitra M.; Sabyasachi K.; Anirban K. e Amita P., (2011). Genotipagem assistida por marcadores moleculares de germoplasmas de mungbean e urdbean resistentes ao vírus do mosaico amarelo da Índia. Mol. Biotechnol., **47**:95-104.

Basamma, K.; Salimath, P. M.; Malagouda, P.; e Suma, B. (2015). Genética, dissecção molecular e identificação de linhas resistentes a doenças de alto rendimento para MYMV em blackgram (Vigna mungo). Legume Research, **38**(6): 851-854.

Bhanu, A. N.; Singh, M. N. e Srivastava, K. (2017). Triagem de genótipos de mungbean [Vigna radiata (L.) Wilczek] para resistência ao vírus do mosaico amarelo do mungbean em condições naturais. Adv Plants Agric Res, **7**(6): 00276.

Chatterjee, D. e Randhawa, G. S. (1952). Nomes normalizados de plantas cultivadas na Índia-II. Cereais, leguminosas, legumes e especiarias. Indian J. Horti, **9**:64-84.

Chattopadhyay, K.; Bhattacharya, S.; Mandal, N. e Sarkar, H. K. (2008). Caracterização baseada em PCR de genótipos de feijão-mungo (Vigna radiata) do subcontinente indiano a nível intra e interespecífico. J. plant biochem. Biotechnol., **17**(2): 141-148.

Chen, Y.; Long, L.; Lin, X.; Guo, W. e Liu, B. (2006). Isolamento e caraterização de um conjunto de análogos de genes de resistência a doenças (RGAs) de arroz selvagem, Zizania latifolia Griseb. I. introgressão, labilidade do número de cópias, alteração da sequência e alteração da metilação do ADN em várias linhas de introgressão de arroz - Zizania. Genoma, **49**: 150-158.

Deepa, H.; Govindappa, M. R.; Kenganal, M.; Kulkarni, S. A e Biradar, S.A. 2017. Triagem de genótipos de greengram contra doenças do vírus do mosaico amarelo do feijão mungo em condições de campo. Int. J. Pure and Appl. Biosci. **5**(2): 1049-1056.

Dharajiya, D. T.; Ravindrababu, Y e Pagi, N. K. 2018. Triagem de genótipos de feijão mungo [Vigna radiata (L.) Wilczek] para resistência contra o vírus do mosaico amarelo do feijão mungo (MYMV) em condições de campo. Int. J. Current Microbiol. e Appl, Sci. **7**(5): 3472-3483.

Dixit, G. P. (2005). Relatório dos Coordenadores de Projeto. Reunião anual do grupo (kharif, 2005).

Indian Institute Pulses Reserch, Kanpur. pp:1-45

Doyle, J.J. e Doyle, J.L.(1987). Um procedimento rápido de isolamento de DNA para pequenas quantidades de tecido foliar fresco. Phytochem. Bull, **19**:11-15.

Fauquet, C.; Briddon, R.; Brown, J.; Moriones, E.; Stanley, J. e Zerbini, M. (2008). Demarcação e nomenclatura de estirpes de Geminivirus. Arch. Virol., **153**: 783-821.

Feng, D.S.; Li, Y.; Wang, H.G.; Li, X.F. e Gao, J.R. (2009). Isolamento e análise do modo de evolução dos análogos do gene de resistência NBS-LRR do trigo hexaplóide. Plant Mol Biol Rep. **27**: 266-274.

Geffroy, V.; Sevignac, M.; De Oliveira, J.C.F.; Fouilloux, G.; Skroch, P.; Thoquet, P.; Gepts, P.; Langin, T. e Dron, M. (2000). Herança da resistência parcial a Colletotrichum lindemuthianum em Phasiolus vulgaris e co-localização de loci de caraterísticas quantitativas com genes envolvidos na resistência específica. Mol Plant Microbe Interact, **13**: 287-296.

Gupta, O. e Mishra, M. 2014. Resistência de campo em genótipos de mungbean e urdbean contra a doença do mosaico amarelo. J. Food Leg. **27:** 80-81.

Habib, S.; Shad, N.; Javaid, A. e Iqbal, U., 2007, Screening of mungbean germplasm for resistance/tolerance against yellow mosaic disease. Mycopathol, **5**(2): 89- 94.

Hari, Y.; Jagan Mohan Rao, P.; Balakrishna, K.; Thirumala Rao,V.; Raghu Rami Reddy, P e Mahesh, U. 2017. Análise da diversidade genética entre variedades resistentes e suscetíveis ao vírus do mosaico amarelo (YMV) em mungbean (Vigna radiata (L.) Wilczek.) usando marcadores SSR. Int. Journal Agri. Innov. and Res. **6**(1): 2319-1473.

Haytowitz, D. B. (1986). Composition of Foods: Legumes and Legume Products, Raw, Processed, Prepared (No. 8). Departamento de Agricultura dos EUA, Serviço de Informação sobre Nutrição Humana.

Iqbal, U.; Sheikh, M. I.; Rukhsana, A.; Atif, J.; Muhammad, A. F. e Ashraf, Z. (2011). Triagem de germoplasma de mungbean contra o vírus do mosaico amarelo do mungbean (MYMV) em condições de campo. Pakistan J. Phytopath, **23**(1): 48-51.

Jyothi, N.; Patil, B. R. e Lokeshkumar, B. M. (2020). Triagem de germoplasma de mungbean contra o vírus do mosaico amarelo de mungbean em condições naturais. IJCS, **8**(4), 2135-2137.

Kabi, M.; Das, T. R.; Baisakh, B. e Swain, D. (2017). Seleção assistida por marcador análogo ao gene resistente de genótipos resistentes ao vírus do mosaico amarelo em greengram (Vigna radiata). Int. J. Curr. Microbiol. App. Sci., **6**(9): 3247-3252.

Kabi, M.; Das, T. R.; Baisakh. B. e Swain, S. (2018) Validação de marcadores moleculares ligados à resistência à doença do vírus do mosaico amarelo em diversos genótipos de grama verde (Vigna radiata). Int. J. Curr. Microbiol. App.Sci., **7**(2): 3457-3465.

Kalaria, R. K. (2014) Identificação de marcador molecular para introgressão de mungbean resistente ao vírus do mosaico amarelo (mymv) em mungbean (vigna radiata L.). Tese de doutoramento; Universidade Agrícola de Navsari, Navsari. 67 p.

Kalaria, R. K.; Mahatma, M. K. E Mahatma, L. (2013). Caracterização molecular de begomovírus infectando abutilon glaucum na região sul de Gujarat, The Bioscan, **8** (1): 105-107.

Kanazin, V.; Frederick, M. L. e shoemaker, R. C. (1996). Os análogos de genes de resistência são conservados e agrupados na soja. Proc. Natl. Acad. Sci. U. S. A., **93**: 11746-11750.

Kang, Y. J.; Kim, S. K.; Kim, M. Y.; Lestari P.; Kim, K. H. e Ha, B. K. (2014). Sequência do genoma de mungbean e insights sobre a evolução dentro das espécies de Vigna. Nature comm., **5**: 5443.

Karthikeyan, A.; Shobhana, V. G.; Sudha, M.; Raveendran, M.; Senthil, N.; Pandiyan, M. e Nagarajan, P. 2014. Vírus do mosaico amarelo do feijão mungo (MYMV): Uma ameaça à produção de greengram (Vigna radiata L.) na Ásia. Int. J. Pest Management. **60**(4): 314-324.

Kooner, B. S. e Cheema, H. K., 2005, Screening of mungbean germplasm against whitefly (Bemisia tabaci Genn.) and mungbean yellow mosaic virus. ISHS Ata Hort., **15**: 752-756.

Kumar, R. R.; Rajabaskar, D. e Karthikeyan, G. (2014). Triagem de genótipos de Greengram (Vigna radiata L. Wilczek) contra Bemisia tabaci (Gennadius) e vírus do mosaico amarelo Mungbean em Tamil Nadu. Biosci., **4**: 3580.

Kumar, SP.; Patel, S. K.; Kapopara, R. G.; Jasrai, Y. T. e Pandya, H. A. (2012). Aspectos evolutivos e moleculares da proteína do revestimento do vírus do enrolamento da folha de tomate indiano Int. J. Plant Genomics, 1-12.

Kundagrami, S.; Basak, J.; Maiti, S.; Kundu, A.; Das, B.; Ghose, T. K. e Pal, A. (2009). Caracterização agronómica, genética e molecular de linhas mutantes tolerantes a MYMIV de Vigna mungo. Int. J. Plant Breed. and Genet., **3**(1): 1-10

Leister, D.; Ballvora, A.; Salamini, F. e Gebhardt, C. (1996). A PCR-based approach for isolating pathogen resistance genes from potato with potential for wide application in plants. Nat Genet, **14**:421-429.

Madhumitha, B.; Aiyanathan, A. E. A. e Sudha, M. (2019). Caracterização baseada em proteínas do revestimento do vírus do mosaico amarelo do mungbean em Tamil Nadu. J. pharmacogn. Phytochem., 8(2): 2119-2123.

Mago, R.; Nair, S. e Mohan, M. (1999). Análogos de genes de resistência do arroz: clonagem, sequenciação e mapeamento. Theor. Appl. Genet, **99**: 50-57.

Mahalingam, A.; Satya, V. K.; Manivannan, N.; Narayanan, S. L. e Sathya, P. (2018). Herança da resistência à doença do vírus do mosaico amarelo do mungbean no greengram [Vigna radiata (L.) Wilczek]. Int. J. Curr. Microbiol. App. Sci., **7**(01): 880-885.

Maheshwari, R.; Panigrahi, G. e Angappan, K. (2014). Caracterização molecular de isolados distintos de YMV (vírus do mosaico amarelo) que afetam leguminosas na Índia com a ajuda do gene da proteína do revestimento como marcador de identificação. Mol. Biol. Rep., **41**: 2635- 2644.

Maiti, S.; Basak, J.; Kundagrami, S.; Kundu, A. e Pal, A. (2011). Genotipagem assistida por marcadores moleculares de germoplasmas resistentes ao vírus do mosaico amarelo da Índia de mungbean e urdbean. Mol. Biotech., **47(**2): 95-104.

Marappa, N.; Savithramma, D. L.; Nagaraju, Prameela, H. A. e Krishnamurthy, R.

A. (2003), Evaluation of mungbean genotypes against powdery mildew, yellow mosaic virus and bacterial blight diseases at Bengaluru. In: Reunião Anual e Simpósio sobre Desenvolvimentos Recentes no Diagnóstico e Gestão de Doenças de Plantas para Responder aos Desafios Globais, 18-20 de dezembro, Univ. Agric. Sci., Dharwad, p. 31.

Martinez, M.G.; Castagnaro, A. P. e Diaz Ricci, J.C. (2004). Isolamento e análise da diversidade de análogos de genes de resistência (RGAs) de morangos cultivados e silvestres. Mol. Gen. Genomics, **272**: 480-487.

Mbeyagala E. K.; Kwikiriza, N.; Amayo, R.; Omadi, J. R.; Okwang, D. e Obuo, J.

E. P. (2017). Seleção participativa de genótipos de feijão-mungo no Uganda. Afr. Crop Sci. J., **25**(2): 253-262.

Ming, E L.; Xiao, Y.; Jin, Y. I.; Yun, Z.; Le, Z. K. e , L. (2005). Relação entre fenótipos resistentes a explosões e perfis de análogos de genes resistentes em arroz. Rice Sci., **12**(2): 75-82.

Mugisa, C.; Patel, H. P.; Mahesh, M. e Lalit, M. (2014). Caracterização molecular do vírus do mosaico amarelo do mungbean que infecta o mungbean no sul de Gujarat. J. Mycol. Pl. Pathol., **44**(2): 214-218.

Muhammad, M.H. (2014). Identificação de fontes de resistência no germoplasma de mungbean e mashbean contra o vírus do mosaico amarelo do mungbean (MYMV). Pak. J. Agri. Res. **27**:12-18.

Munawwar, M. H.; Ali, A. e Malik, S. R., 2014, Identificação de resistência em germoplasma de mungbean e mashbean contra o vírus do mosaico amarelo do mungbean. Pakistan J. Agric., **27**(2): 129-135.

Mutlu, N.; Miklas, P. N. e Coyne, D. P. (2006). Os marcadores de polimorfismo análogo ao gene de resistência (RGAP) co-localizam-se com genes de resistência a doenças e QTL no feijão comum. Mol. Breed., **17**(2): 127-135.

Nagaraj, Basavaraj, S.; Padmaja, A.; Nagaraju, N. e Ramesh, S. (2019). Identificação de fontes estáveis de resistência à doença do vírus do mosaico amarelo do mungbean (MYMV) no mungbean [Vigna radiata (L.) Wilczek]. Recursos Genéticos Vegetais: Caracterização e Utilização, **17**(4): 362-370.

Naimuddin, K.; Akram, M. e Sanjeev, G. (2011). Identificação do vírus do mosaico amarelo da Índia Mungbean que infecta Vigna mungo var. silvestris L. Phytopathologia Mediterranea, **50**(1): 94-100.

Nainu, A. e Murugan, S. (2020). Triagem de genótipos de mungbean [Vigna radiata (L.) Wilczek] em condições de campo para resistência ao vírus do mosaico amarelo do mungbean (MYMV). Arquivos de Plantas, **20**(2): 6867-6871.

Nariani, I. K. (1960). Mosaico amarelo do feijão-mungo (Phaseolousaureus L.). Indian Phytopath, **13**: 24-29.

Nene, Y. L. (1973). Doenças virais de algumas culturas de leguminosas de clima quente na Índia. Plant Dis Rep.,**57**: 463-467.

Niu, C.; Lu, Y.; Yuan, Y.; Percy, RG.; Ulloa, M. e Zhang, J. (2011). Mapeamento de análogos de genes de resistência (RGAs) em algodão tetraploide cultivado usando análise RGA- AFLP. Euphytica **181**: 65-76.

Pal, A.; Chakrabarti, A. e Basak, J. (2007). Novos motivos no domínio NB-ARC das proteínas R: Provable mechanisms of integration of geminiviral signatures within the host species of Fabaceae family and implications in conferring disease resistance. J. Theor. Biol., **246**(3): 564-573.

Palomino, C.; Satovic, Z.; Cubero, J. I. e Torres, A. M., 2006, Identificação e caraterização de análogos de genes de resistência da classe NBS-LRR em fava (Vicia faba) e grão-de-bico (Cicer arietinum L). Genoma, **49**:1227-1237.

Panduranga, G. S.; Vijayalakshmi, K. e Reddy, K. L. 2011. Avaliação de insecticidas para a gestão da doença de Bemisia tabaci e MYMV em mungbean. Ann. Plant Protect. Sci., **19**: 295-298.

Panigrahi K. K, Baisakh B e Mohanty A. 2014. Desenvolvimentos recentes sobre marcadores de DNA ligados à resistência ao vírus do mosaico amarelo (YMV) e ao vírus do mosaico amarelo da Índia (MYMIV) em espécies de Vigna, Ambiente e Ecologia, **32**: 372-376.

Panigrahi, K. K.; Das, T. R.; Baisakh, B.; Mohanty, A. e Pradhan, J. (2016). Validação do marcador CYR-1 ligado à resistência ao vírus do mosaico amarelo na grama preta (Vigna mungo L. Hepper). Indian J. Gen., **76**(1): 104-106.

Patel, J. e Kalaria, R. K. (2018) Análise in silico e homologia da proteína do revestimento do vírus da mancha anelar da papaia e do vírus do enrolamento das folhas da papaia, Bull. environ. pharmacol. life sci., **7**(8): 19- 28.

Patel, P.; Modha, K.; Kapadia, C.; Vadodariya, G. e Patel, R. (2018). Validação de marcadores de DNA ligados à resistência MYMV em mungbean (Vigna radiata (L.) Wilczek). Int. j. puro appl. Biosci., **6**(4): 340-346.

Pathak, A. K. e Jhamaria, S. L., 2004, Evaluation of mungbean (Vigna radiata L.) varieties against yellow mosaic virus (Avaliação de variedades de feijão-mungo (Vigna radiata L.) contra o vírus do mosaico amarelo). J. Mycol. Pl. Pathol., **34**(1): 64-65.

Paul, P. C.; Biswas, M. K.; Mandal, D. e Pal, P. (2013). Estudos sobre a resistência do hospedeiro de mungbean contra o vírus do mosaico amarelo de mungbean na condição agro-ecológica da zona laterítica de Bengala Ocidental. The Bioscan, **8**(2): 583-587.

Peerjade, D. A.; Ravikumar, R. L. e Rao, M. S. L. (2004), Screening of local mungbean collections for powdery mildew and yellow mosaic virus resistance. Indian J. Pulses Res., **17**(2): 190-191.

Pei, X.; Li, S.; Jiang, Y.; Zhang, Y.; Wang, Z. e Jia, S. (2007). Isolamento, caraterização e análise filogenética dos análogos do gene de resistência (RGAs) em banana (Musa spp.). Plant Sci., **172**: 1166-1174.

Pflieger, S.; Lefebvre, V.; Caranta, C.; Blattes, A.; Goffinet, B. e Palloix, A. (1999). Análogos de genes de resistência a doenças como candidatos a QTLs envolvidos em interações pimentão-patógeno. Genoma, **42**: 1100-1110.

Prema, G. U. e Rangaswamy, K. T. (2018). Deteção molecular e caraterização do gene da proteína do revestimento do vírus do mosaico amarelo do mungbean (MYMV) de Karnataka. Int. J. Agric. Sci., **10**(3): 5118-5122.

Premchand e Varma. J. P. (1983). Efeito do mosaico amarelo nos componentes de crescimento e no rendimento do feijão-mungo e do feijão-urd. Haryana Agricul. Uni. J. Res., **13**(1): 98- 102.

Qazi, J.; Ilyas M.; S. Mansoor e Briddon, R.W. (2007). Vírus do mosaico amarelo das leguminosas: begomovírus geneticamente isolados. Molecular PlantPath, **8**: 343-348.
Raj, K. R.; Baisakh, B.; Tripathy, S. K.; Lenka, D.; Pradhan, B.; Mishra, M. K. e Mohanty, M. R. (2019). Triagem para resistência ao vírus do mosaico amarelo do mungbean em grama verde (Vigna radiata (L.) Wilczek). Int. J. Curr. Microbiol. App. Sci., **8**(10): 666-670.
Raje, R. S. e Rao, S. K. 2002, Screening of mungbean (Vigna radiata L. Wilczek) germplasm for yellow mosaic virus, Cercospora leaf spot and powdery mildew. Legume Res., **25**: 99-104.
Ramasubramanian, T.; Michael Gomez, S.; Raghu, R. e Mohankumar, S. (2008). Clonagem e caraterização de análogos de genes de resistência de espécies vegetais pouco exploradas. Elec. J. Biotech., **11**(4): 1-10.
Rekha, A. S. (2017). Estudos sobre a doença do mosaico amarelo em mungbean [vigna radiata (L.) wilczek]. Tese M. Sc. Agri.; Universidade de Ciências Agrícolas, Dharwad. 54 p.
Salam, S. A.; Patil, M. S. e Salimath, P. M. (2009). Avaliação de culturas de feijão-mungo contra MYMV em Karnataka em condições naturais. Legume Res., **32**(4): 286-289.
Sambrook, J. e Maniatis, T. (1989). Molecular cloning, A laboratory manual. Segunda edição. Cold Spring Harbor, Nova Iorque. **1**
Sanjeev, K., Lingaraj, S. e Bhaben, T. (2016). Doença do mosaico amarelo transmitida por mosca branca, ameaça grave à produção de feijão-caupi em Assam, Índia. World Res. J. Biotechnol., **3**(1): 53-56.
Saravanan, M. (2011) Identificação e caraterização da resistência ao vírus do mosaico amarelo do feijão-mungo (mymv) em espécies de vigna. Tese de doutoramento; Instituto de Investigação Agrícola da Índia, Nova Deli. 65 p.
Shad, N.; Mughal, S. M.; Farooq, K e Bashir, M., 2006, Evaluation of mungbean germplasm for resistance against mungbean yellow mosaic begomovirus. Pakistan J. Bot., **38**(2): 449-457.
Sharma, N. K. (2016). Estratégia de produção de feijão-mungo. Universidade Agrícola de Swami Keshwanand Rajasthan, Bikaner. DOR/SKRAU/2016/NFSM Publicação-1, 21. Singh, G.; Kapoor, S. e Singh, K. (1988). Resistência múltipla a doenças no feijão-mungo, com especial ênfase no vírus do mosaico amarelo do feijão-mungo. Em Mungbean.

Actas do Segundo Simpósio Internacional realizado em Banguecoque, Tailândia, 16-20. (pp. 290-296). AVRDC.
Singh, S. e Awasthi, L.P. 2009. Rastreio de germoplasma de feijão-mungo para resistência de campo ao vírus do mosaico amarelo do feijão-mungo. Int. J. of Plant Sci. Res., **35**(1): 1-4.
Solanki R. e Kalaria R. K. (2019) identificação molecular e caraterização in silico da proteína do revestimento no vírus do enrolamento da folha do tomate associado ao tomate da região de Gujarat do Sul da Índia. Int. J. Curr. Microbiol. App. Sci., **8**(7): 456-466.
Soumitra, M.; Basak, J.; Kundagrami, S.; Kundu, A. e Pal, A., 2010, Molecular marker-assisted genotyping of mungbean yellow mosaic India virus resistant germplasms of mungbean and urdbean. Molecul. Biotechnol., **47**(2): 95-104
Subhedi, S.; Neupane, S. e Ghimire, T. N. (2016). Triagem de genótipos de mungbean e grama preta como fontes de resistência genética contra a doença do mosaico amarelo do mungbean. J. Agril. Sci., **14:** 148-155.
Sudha, M.; Karthikeyan, A.; Naga, P.; Raveendran, M.; Senthil, N.; Pandiyan, M.; Angappan, K.; Ramalingam, J.; Bharathi, M.; Rabindran, R.; Veluthambi, K. e Balasubramanian, P.(2013), Triagem de germoplasma de mungbean (Vigna radiata L.) para resistência ao vírus

do mosaico amarelo de mungbean usando agroinoculação. Canadian J. Pl. Pathol, **35**(3): 424-430.

Suman, S.; Sharma, V. K.; Kumar, H e Shahi, V. K. 2018. Reavaliação dos genótipos de feijão-mungo [Vigna radiata (L.) Wilczek] para resistência ao vírus do mosaico amarelo do feijão-mungo (MYMV) em condições de casa de tela. Int. J. Curr. Microbiol. and Appl. Sci. **7**(4): 2821-2829.

Tacconi, G.; Baldassarre, V.; Lanzanova, C.; Faivre-Rampant, O.; Cavigiolo, S.; Urso, S.; Lupotto, E. e Vale, G. (2010). Análise de polimorfismo de regiões genómicas associadas a genes de resistência ao míldio de largo espetro para o desenvolvimento de marcadores em arroz. Mol Breed, **26**: 595-617.

Tamura, K.; Dudley, J.; Nei, M. e Kumar, S. (2007). MEGA4: Software de análise genética evolutiva molecular (MEGA) versão 4.0. Mol. Bio.Evol., 24: 1596-1599.

Totad, A. S.; Fakrudin, B. e Kuruvinashetti, M. S. (2005). Isolamento e caraterização de análogos de genes de resistência (RGAs) de sorgo (Sorghum bicolor L. Moench). Euphytica, **143**: 179-188.

Usharani, K. S.; Surendranath, B.; Haq, Q. M. R. e Malathi, V. G. (2004). Vírus do mosaico amarelo que infecta a soja no sul e no oeste da Índia. Current Sci., **86**: 845-850.

Wang, X.; Xu, L.; Song, Z.; Zhu, X.; Wang, Y.; Wang, R. e Liu, L. (2014). Isolamento de análogos de genes de resistência e desenvolvimento de marcadores baseados em RGA para identificar a resistência ao míldio em rabanete (Raphanus sativus L.). Euphytica, **198**(2): 289-303.

Wen, WE.; Li, GQ.; He, ZH.; Yang, WY.; Xu, ML. e Xia, XC. (2008). Desenvolvimento de um marcador STS estreitamente ligado ao Yr26 contra a ferrugem da risca do trigo, utilizando a técnica do polimorfismo analógico do gene de resistência (RGAP). Mol Breed, **22**: 507-515.

Wenkai, X.; Mingliang, X.; Jiuren, Z. H.; Fengge, W.; Jainsheng, L. e Jingrui, D. (2006). Isolamento de análogos de genes de resistência em todo o genoma do milho (Zea mays L.). Theor. Appl. Genet., **113**: 63-72.

Yadav, M. S. e Brar, K. S. 2010. Avaliação das perdas de rendimento devidas ao vírus do mosaico amarelo do feijão-mungo da Índia e avaliação dos genótipos de feijão-mungo para resistência no sudoeste do Pumjab. Indian Phytopathol, **63**: 318-320.

APÊNDICES

APÊNDICE: I

Dados meteorológicos semanais médios durante a época de colheita do ano 2019-2020 registados na quinta da faculdade, N.A.U., Navsari.

N.º Sr.	Mês	Parâmetros meteorológicos					
		Temperatura (°C)		Humidade relativa (%)		Queda de chuva (mm)	Dias de chuva
		Máximo.	Min.	Manhã	Noite		
1	fevereiro de 2021	33.5	14.3	84.0	38.7	0.0	0.0
2	março de 2021	37.3	17.0	82.6	36.4	0.0	0.0
3	abril de 2021	36.1	21.5	90.6	57.0	0.0	0.0
4	maio de 2021	35.2	24.7	86.9	63.9	144.0	2.0

APÊNDICE: II

Isolado do vírus do mosaico amarelo do feijão mungo da Índia NAU-RJ sequência parcial de ADN A do segmento do gene da proteína do revestimento

Mungbean yellow mosaic India virus isolate NAU-RJ coat protein gene, partial cds

GenBank: ON622515.1

FASTA Graphics

Go to:

```
LOCUS       ON622515                 553 bp    DNA     linear   VRL 31-AUG-2022
DEFINITION  Mungbean yellow mosaic India virus isolate NAU-RJ coat protein
            gene, partial cds.
ACCESSION   ON622515
VERSION     ON622515.1
KEYWORDS    .
SOURCE      Mungbean yellow mosaic India virus
  ORGANISM  Mungbean yellow mosaic India virus
            Viruses; Monodnaviria; Shotokuvirae; Cressdnaviricota;
            Repensiviricetes; Geplafuvirales; Geminiviridae; Begomovirus.
REFERENCE   1  (bases 1 to 553)
  AUTHORS   Kalaria,R.K., Bhabhor,J.M., Modha,K.G. and Suthar,K.P.
  TITLE     Direct Submission
  JOURNAL   Submitted (20-MAY-2022) Bioinformatics Section, Aspee Shakilam
            Biotechnology Institute, NAU, Athwa Farm, Ghod Dod Road, Surat,
            Gujarat 395007, India
COMMENT     ##Assembly-Data-START##
            Sequencing Technology :: Sanger dideoxy sequencing
            ##Assembly-Data-END##
FEATURES             Location/Qualifiers
     source          1..553
                     /organism="Mungbean yellow mosaic India virus"
                     /mol_type="genomic DNA"
                     /isolate="NAU-RJ"
                     /host="Vigna radiata"
                     /db_xref="taxon:223287"
                     /segment="DNA A"
                     /country="India"
                     /collection_date="25-Mar-2021"
                     /collected_by="Jigar Bhabhor and R K Kalaria"
                     /PCR_primers="fwd_name: mymivf1, fwd_seq:
                     ccaaagcggaccttcgata, rev_name: mymivr1, rev_seq:
                     aacgattcaccatggcttgt"
     CDS             <1..>553
                     /codon_start=2
                     /product="coat protein"
                     /protein_id="UVN14710.1"
                     /translation="RLNFDTPLMLPASAGGVPTNMKRRRWTNRPMWRKPRFYRLYRSP
                     DVPRGCEGPCKVQSFEQRHDIAHTGKVICISDVTRGNGITHRIGKRFCIKSVYITGKV
                     WMDENIKSKNHTNTVMFKLCRDRRPFGTPMDFGQVFNMYDNEPSTATVKNDLRDRYQV
                     LRKFNATVTGGQYACKEQAMVNRY"
ORIGIN
        1 gagattgaac ttcgataccc cgctcatgct ccctgcctct gcgggaggtg tccctaccaa
       61 catgaaaaga aggcgttgga ccaaccgccc catgtggaga aaacctcggt tttaccgact
      121 gtataggtcc cctgatgtcc ctcgtggttg tgagggacca tgtaaagttc aatcatttga
      181 gcaaaggcat gatattgccc acacaggcaa agtgatttgc atatcggacg tgactagagg
      241 taatggaatt acacatcgta ttggcaaacg tttttgcatc aagtcggtgt acattactgg
      301 gaaggtttgg atggacgaaa acattaagtc caaaaatcac acgaacactg tgatgttcaa
      361 gttatgtcgt gacagacgac catttggtac acccatggat tttggtcaag tttttaacat
      421 gtatgacaac gagccgagta cagctactgt gaagaacgat ctgcgtgatc gttatcaagt
      481 cttgcgaaag tttaatgcca ctgttactgg tggccaatat gcttgtaagg aacaagccat
      541 ggtgaatcgt tat
//
```

APÊNDICE: III

Relatório dos resultados da sequenciação do isolado NAU-RJ do vírus do mosaico amarelo do mungbean (mungbean yellow mosaic India virus) Segmento do gene da proteína do revestimento Sequência parcial do ADN A

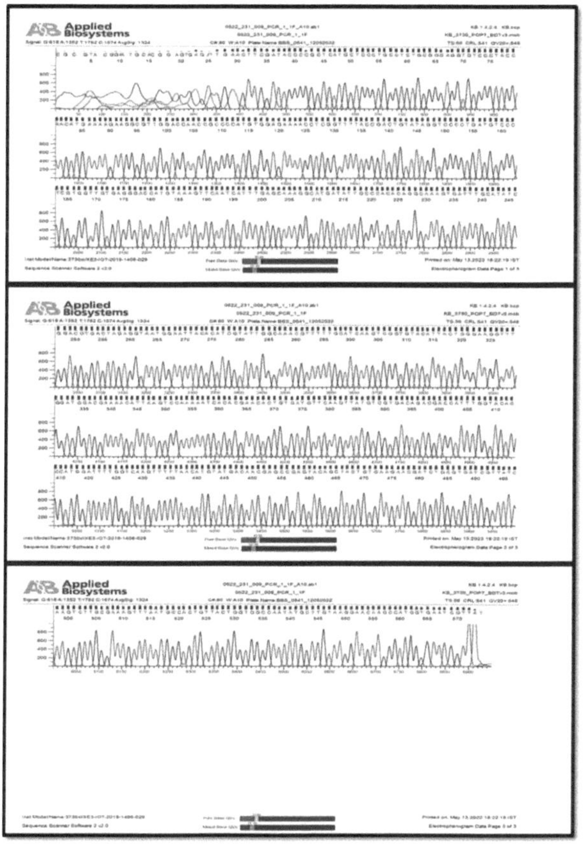

APÊNDICE: IV

Foram efectuados alinhamentos de sequências múltiplas para a proteína do revestimento do DNA-A do isolado do vírus com outros vírus do mosaico amarelo do mungbean da Índia previamente registados no NCBI

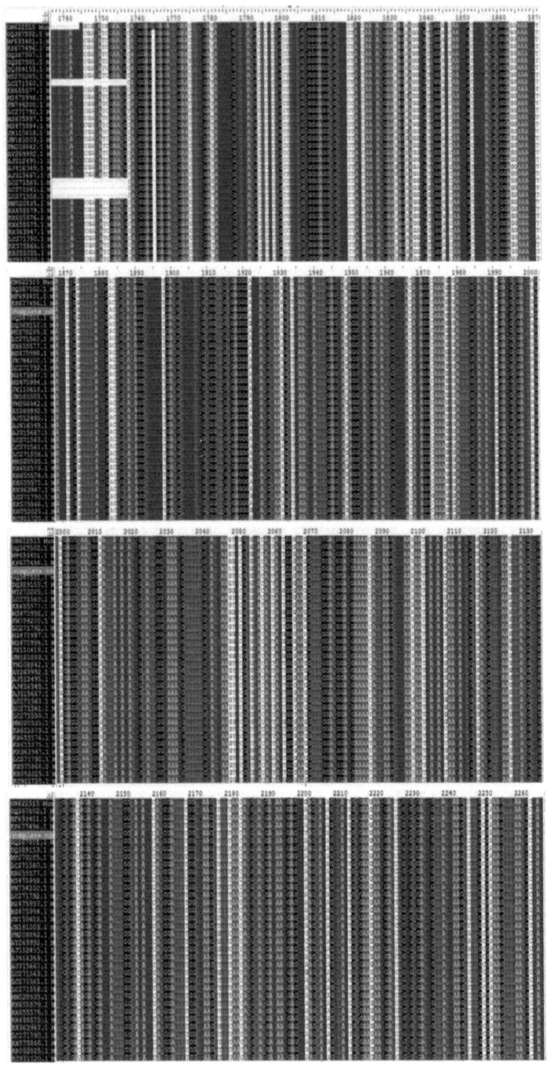

APÊNDICE: V

Matriz de pontuação do gene da proteína do revestimento do isolado MYMIV (ON622515) e do MYMIV anteriormente registado

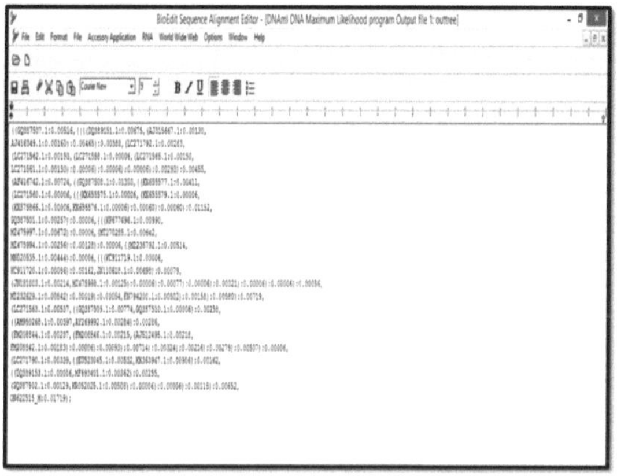

MIX
Papier aus verantwortungsvollen Quellen
Paper from responsible sources
FSC® C105338

Printed by Books on Demand GmbH, Norderstedt / Germany